小檜山賢二写真集　葉虫：マイクロプレゼンス２

解説監修・同定　滝沢春雄（東京農業大学総合研究所）

出版芸術社

マイクロプレゼンスの思想

「マイクロプレゼンス（日常的な環境の中に存在する小さなもの）、肉眼ではその詳細を知ることができない微細な構造を可視化して、その存在を実感させる」というのが、マイクロプレゼンスプロジェクトの目的である。

我々は自分の基準で我々をとりまくリアル世界を認識している。しかし地球上には人類以外の生物が沢山生活している。それらの生物たちは、彼らなりの基準でリアル世界を認識しているのだろう。地球上には人類が認識できない無数の世界が存在している。つまり認識された現実を基準とすれば、地球上には無限の異なる世界があり、その一つを人類が認識しているに過ぎないのだと考えることもできる。

すべての事物は情報を発信していると考えたらどうだろう。我々の子供の頃は、周りにもっと自然があった。勉強ができなくても自然とのコミュニケーションに長けている子供がいた。自然が発する様々な情報を理解する力がある子が尊敬されていたのである。我々をとりまく無数の別世界への越境や交信が容易だったのだ。マイクロプレゼンスは、無限に存在している別世界の存在を実感させるための窓や扉を提供するという企てだともいえる。

本書で提供するのは、標本写真である。すべての昆虫が、工芸品のような精巧な作りになっており、とても美しい。自然の芸術品といって良い。その美しさや驚きを伝えるために生態写真を離れ、昆虫の形態だけを正確に記録する作業を始めた。

ところが、小さな昆虫の写真を撮っても、一部分しかピントを合わすことができない。それでは、昆虫の姿の正確な表現にはほど遠い。この問題を解決するために、ピントの合ったところだけをコンピュータ上で合成したらどうかということを思いついた。それが、マイクロフォトコラージュの手法である。本書は、この手法により作成したデジタル写真集である。

マイクロフォトコラージュは、深度合成手法である。深度合成の手法は顕微鏡写真などの学術的分野で以前より研究されてきた。今では、デジタル写真とコンピュータを用いた深度合成技術が手軽に利用可能となっており、私も使用している（詳しくは、巻末の撮影技法解説参照）。しかし初期の段階で行っていた手探りでの作業は無駄ではなかった。コンピュータを扱う人たちの多くは、コンピュータにすべてのことをやってもらうのを好む傾向がある。私の場合は結果第一主義で、人間が得意なところは人間が介在してもかまわない、むしろ、その方がよい結果をもたらす場合が多いと思っている。空間の認知を人間は得意とする。このため、コンピュータ上ではわずかな誤差でも、人間は不自然に感じることがよくあるのだ。マイクロフォトコラージュは、まさに、人間とコンピュータの共同作業といえる。

標本の作り方も工夫した。学術的な標本は、標本箱や顕微鏡で上部から観察されることが多い。このため、上部からの観察で多くの情報を得られるように標本を作成する。マイクロフォトコラージュでは、昆虫の魅力を最大限に発揮することを優先する。このため、生きた昆虫の形に可能な限り近づけるように標本を作る。つまり、マイクロフォトコラージュで対象とするのは所謂標本ではなく、剥製という方が当てはまる。このため、最近は「私の制作しているのは昆虫の剥製写真だ」といっている。

さて、今回はハムシである。なぜハムシなのか。キーワードは今回もゾウムシの時と同じ「多様性」である。

ハムシの多様性は、ゾウムシとどう違うのだろうか。形態が多様なゾウムシに対して、色彩が多様なハムシということがいえそうである。昆虫の形態や色彩は、長い年月を経て進化を繰り返した結果であり、自然の摂理にかなっているはずである。ハムシの多くは、体内に「毒」をもっている。つまり派手な色彩は「警戒色」であることが多いということになる。

実はゾウムシとハムシでは分類上の定義が異なる。ゾウムシがゾウムシ上科なのに対し、ハムシはハムシ科である。蝶を例にすれば、シジミチョウの仲間が科となる。蝶では、セセリチョウとシャクガモドキ（日本にはいない）の仲間を除く種が、アゲハチョウ上科となっている。つまり、アゲハチョウ・シロチョウ・タテハチョウなどほとんどの蝶はアゲハチョウ上科に含まれる。ゾウムシは上科なので、アゲハチョウ上科での多様性に相当し、ハムシは科

●ハリネズミトゲハムシ *Dicladispa megacantha*　3

なので、シジミチョウ科の中での多様性と例えることができる。

ハムシ上科という分類もあるのだが、ゾウムシと異なり、ハムシ上科全体をハムシと呼ぶことはない。それは何故か。これは虫屋の生態による。

昆虫好きの人々を「虫屋」と呼ぶ。虫屋はいくつかに分類される。蝶が好きな人は「蝶屋」、トンボが好きな人を「トンボ屋」と呼ぶ。しかし、甲虫屋という呼び名は、一般的ではない。甲虫屋は興味の対象によりオサ屋、カミキリ屋、クワガタ屋などに分類され、それぞれ独自の集団を作っている。

なぜ、蝶屋は一種で、甲虫屋は複数の種があるのだろうか。理由は定かではないのだが、個人が扱える種数に関連があるのではないかと考えている。甲虫は昆虫の中で最も成功を収めたグループである。日本の蝶は200数十種なのに対し、甲虫は記載されているだけで約9000種いる。つまり、甲虫はやたらに種数が多い。種数が多すぎると個人では扱いきれなくなる。「日本全種を採集する」とか、「生態を理解する」とかの目標を設定するには、個人では数百種というのがよいところのようなのだ。このために、種数の少ない蝶屋やトンボ屋は分科せず、甲虫屋は分科したのではないかというのが、私の推測である。面白いことに、この目標設定の基準となる種数には下限もありそうだ。少なくとも数十種はいないと、コレクションという感じがしないし、人に自慢もできそうもない。つまり、虫屋という生物の分科の原因は生物学的要素というよりは、個人が扱える種数という人間側の事情が主要因らしいのだ。それがどうしたといわれそうだが、そんな時には「それが文化だ」という答えを用意している。

虫屋の分類別の文化を比べてみよう。蝶屋やトンボ屋にはあまり理屈っぽい人はいないような気がする。きれいだから興味があり、採集して標本を作るうちにはまってしまう、というタイプが多そうだ。何より飛んでいる蝶やトンボを捕まえるのは、スポーツのようで楽しい。それに引き替え、甲虫の採集行動では探偵的な要素が強くなる。昼間、山や高原を駆けめぐればよいわけではない。朽ち果てた倒木を砕いて中を探したり、トラッピングをかけたり、夜間に燈火を灯した採集をしたり、糞をひっくり返したりしなければならない。甲虫の採集は、明るく健康的な活動とはとても言い難い。しかも、前述のように達成感のある目標の設定が難しい。そうするとどうしても屈折した目標というか、哲学的になる傾向があるような気がする。そして、その思考内容が虫の世界だけにとどまらず、一般性があるのは、種数の少ない蝶やトンボを相手にしている場合より、桁違いに種数の多い甲虫を相手にしている方が、自然という無限の多様性をもった存在と対座したときの雰囲気を感じ取りやすいのかもしれないと勝手に解釈している。

ハムシ上科の話に戻ろう。日本でのハムシ上科の種数は1400種を超える。ゾウムシ上科と匹敵する多様性がある。ハムシ上科はカミキリムシ科とハムシ科に分類される。どちらのグループも700種前後が日本に棲息（カミキリムシ：約800種、ハムシ：約600種）する。カミキリムシはハムシより大型の種が多く人気がある。カミキリ屋は虫屋の中でも屈指の大集団を形成する。同じハムシ上科なのに、カミキリムシはカミキリムシとして扱われ、ハムシは「雑甲虫」や「その他の甲虫」として扱われることが多い。カミキリムシはカミキリムシでありハムシではないのである。勿論ハムシ屋も少数ながら存在する。前述のように、甲虫に興味をもつ人は変わり者が多い。ハムシ屋の方が、甲虫好きらしいといえるかもしれない。

人間様から見ればマイナーかもしれないが、それはハムシが小型で目に付きにくいためだけではないか。よく見るとハムシは驚くほど多様で、どの種も美しい。これほどの見事で多様な色彩を有するグループは他にはいないかもしれない。

前著の繰り返しになるが、小さな虫たちの工芸品ともいうべき美しい姿に自然の不思議・すばらしさを認識していただくとともに、「画面に現れる小さな虫たちは、どれも1億年以上の歴史を背負った貴重な生物なのだ」ということを実感してもらいたい。本書が自然との関係を再発見するきっかけになれば、これに勝る幸せはない。

小檜山賢二

● モンコモリカメノコハムシ　*Acromis spinifex*　5

6 ●アトアオパプアハムシ *Promechus* sp.

マイクロプレゼンスの思想 ──────────── 02

作品 ─────────────────── 08

解説 ─────────────────── 105

１：ハムシの世界 ──────────── 105

　　１）生きた工芸品：多様な色彩・形態
　　　　　多様な色彩／多色性／警戒色／クビが引っ込む／
　　　　　色が変わる／トゲナシトゲトゲ・トゲアリ
　　　　　トゲナシトゲトゲ／擬態／胸に角？
　　２）おもしろい習性：多様な生態
　　　　　糞／植物との戦い人間との戦い（害虫）／
　　　　　跳ぶ／潜る／親による幼虫の保護／単為生殖／
　　　　　帰化虫

２：ハムシの戸籍 ──────────── 114

　　１）ハムシ上科
　　２）ハムシ科

３：作品データ ────────────── 118

４：マイクロフォトコラージュ ──────── 123

　　１）マイクロフォトコラージュとは
　　２）マイクロフォトコラージュの手法
　　　　　撮影装置／撮影法／合成／照明／実際の装置

参考文献／地域別種名／情報 ───────── 126
あとがき ─────────────────── 127

注：和名について
日本産：
・日本産ハムシ類幼虫・成虫分類図説（東海大学出版会）
・原色日本昆虫図鑑（保育社）
　などを参照
外国産：各種メディアで和名が公表されている種は、それらを用い、公表が確認できなかった種については監修者が命名

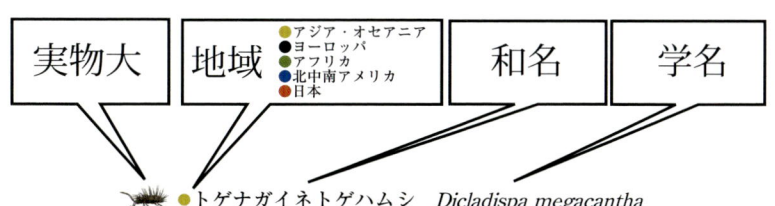

8 ●オオモモブトハムシ　*Sagra femorata*

●ハデツヤモモブトハムシ *Sagra buquetii* 9

●オオモモブトハムシ　*Sagra femorata*

12 ●アカガネオオモモブトハムシ *Sagra carbunculus*

●アフリカオオモモブトハムシ *Sagra* (*Tinosagra*) sp.　13

●キンイロネクイハムシ *Donacia japana*　15

16 ●フトネクイハムシ *Donacia clavareaui*

●アカクビボソハムシ *Lema diversa* 17

18 ●アスパラガスハムシ *Crioceris asparagi*

●キイロクビナガハムシ　*Lilioceris rugata*　19

20 ●ムシクソハムシ *Chlamisus spilotus*

●アカガネオオコブハムシ *Chlamys* sp. 21

● ツチイロニセコブハムシ　*Pseudochlamys* sp.　23

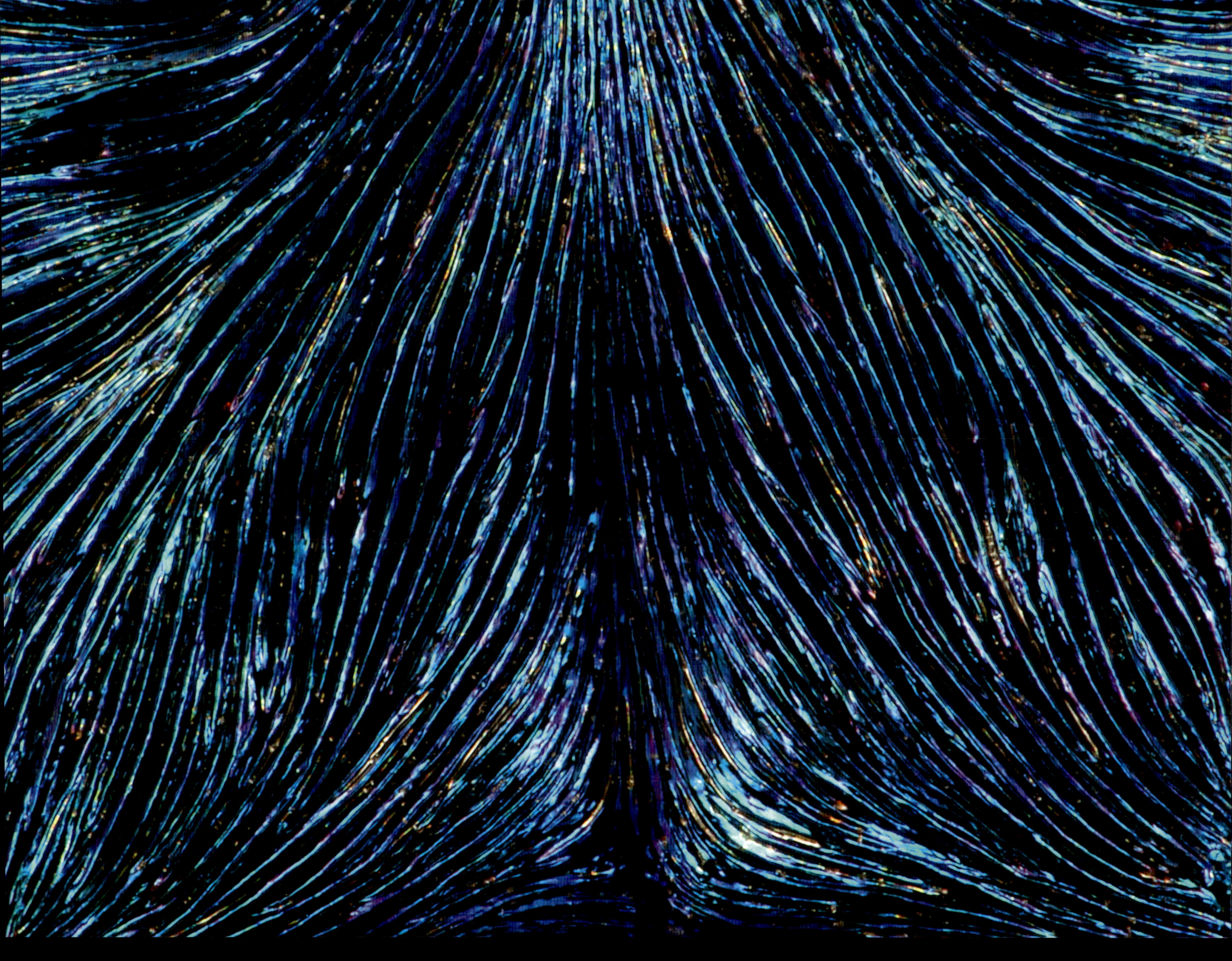

●グンジョウオオコブハムシ *Fulcidax coelestina*

26 ●オオキバナガツツハムシ　*Labidostomis toxicornis*

●ヨツモンクロツツハムシ　*Cryptocephalus nobilis*　27

28 ●キボシツツハムシ　*Cryptocephalus perelegans*

●バラルリツツハムシ *Cryptocephalus approximatus* 29

30 ●リンゴコフキハムシ　*Lypesthes ater*

●ニホンケブカサルハムシ *Lypesthes japonicus*

32 ●アカガネサルハムシ　*Acrothinium gaschkevitchii*

●フタイロオオミドリサルハムシ　*Platycorynus speciosus*　33

34 ●オオイモサルハムシ　*Colasposoma* sp.

● コブスジオオミドリサルハムシ　*Platycorynus* sp.　35

36 ●ムネアカサルハムシ *Basilepta ruficollis*

●オキナワイモサルハムシ *Colasposoma auripenne*

38 ●ケブカアオトビサルハムシ　*Trichochrysea hirta*

● アカクビナガカサハラハムシ　*Goniopleura chapuisi*　39

40 ●ルリハムシ　*Linaeidea aenea*

●ヤナギハムシ *Chrysomela vigintipunctata* 41

42 ●ミドリヨモギハムシ　*Chrysolina graminis auraria*

●オオルリハムシ　*Chrysolina virgata*　43

44 ●オオニジハムシ　*Ambrostoma quadriimpressa*

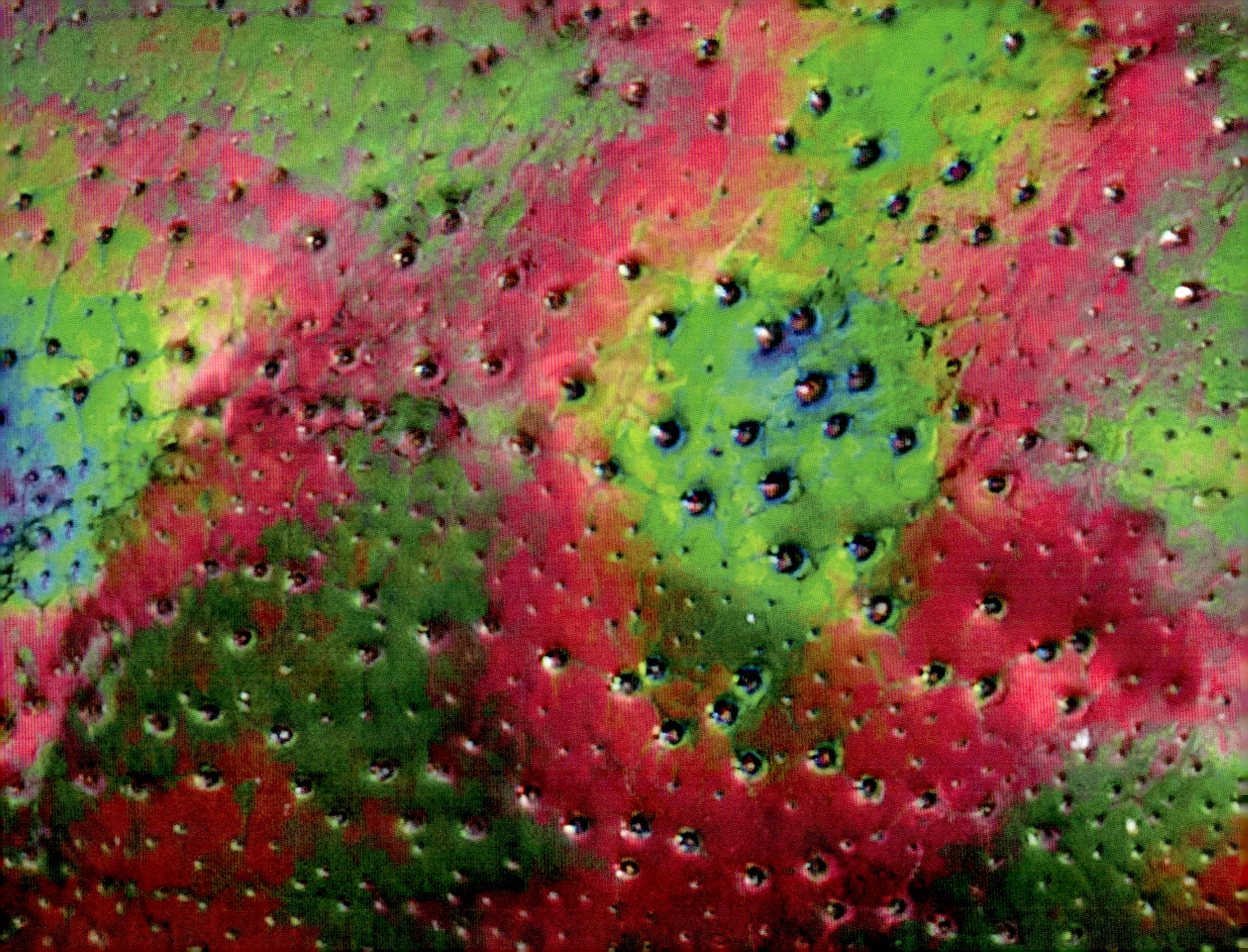

46 ●スジモンヨモギハムシ *Chrysolina cerealis*

ハッカハムシ　*Chrysolina exanthematica*　47

48 ●ミドリツノハムシ　*Platyphora thomsoni*

● キバネツノハムシ　*Doryphora sparsa*　49

50 ●ミイロパプアハムシ　*Promechus splendens*

●ハマゴウハムシ　*Phola octodecimguttata*　51

52 ●クロウリハムシ本土亜種　*Aulacophora nigripennis nigripennis*

●クロウリハムシ沖縄亜種　*Aulacophora nigripennis nitidipennis*　53

54 ●ヨツキボシハムシ *Hamushia eburata*

●アザミオオハムシ *Galeruca vicina* 55

56 ●ヨツボシハムシ　*Paridea quadriplagiata*

イタドリハムシ *Gallerucida bifasciata*　57

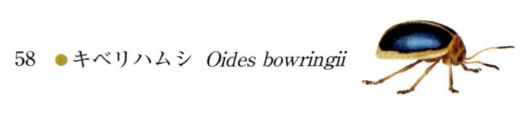

58 ●キベリハムシ *Oides bowringii*

ツマキイタドリハムシ　*Gallerucida duporti*　59

60 ●オオアカマルノミハムシ　*Argopus clypeatus*

●オオキイロノミハムシ　*Neocrepidodera obscuritarsis*　61

62 ●ミドリトビハムシ　*Crepidodera japonica*

スジカミナリハムシ北海道亜種 *Altica latericosta latericosta* 63

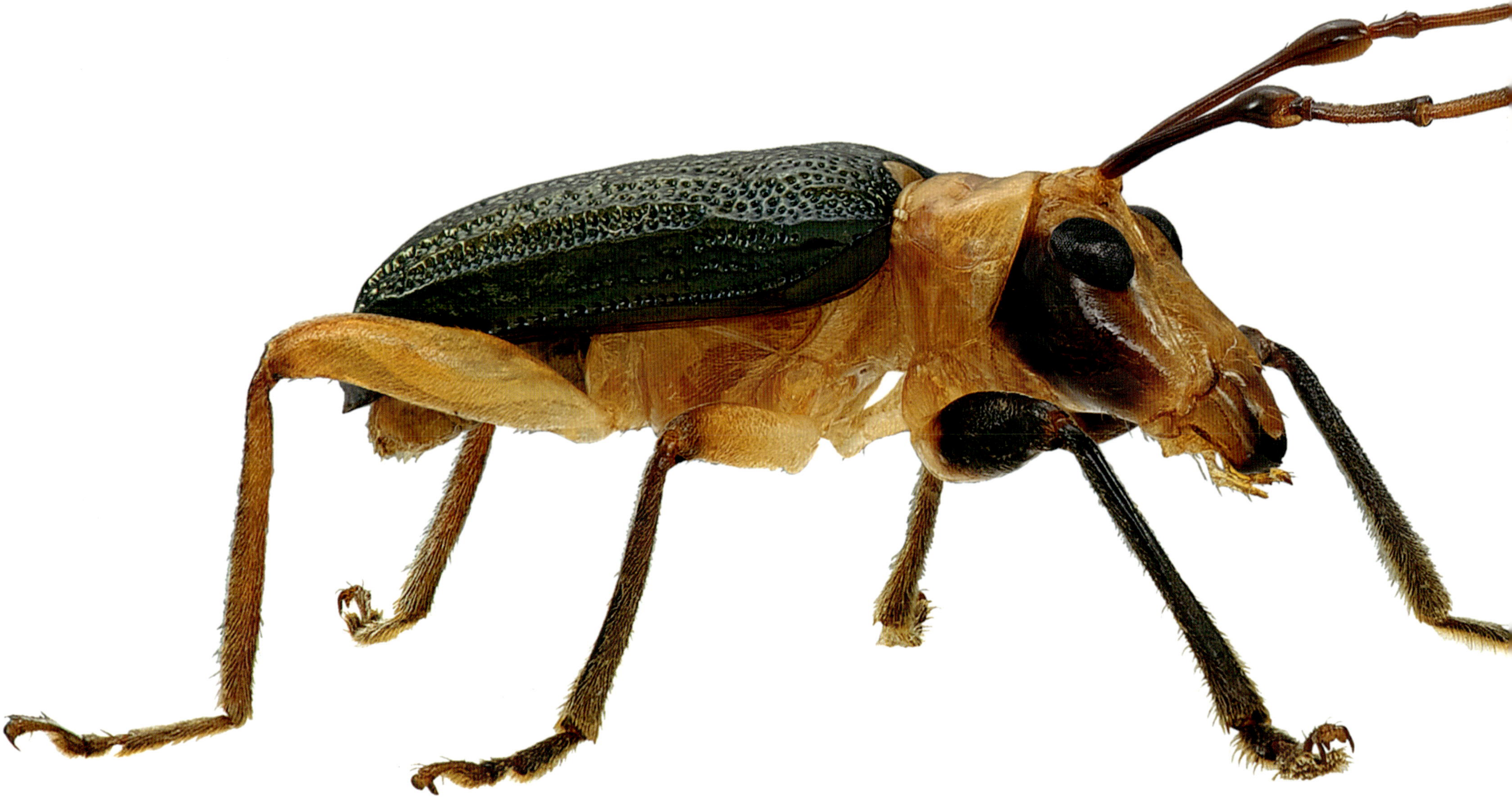

●ヒゲナガウシヅラノミハムシ　*Chaloenus psi*　65

66 ●ヤホシウシヅラノミハムシ *Chaloenus dohertyi*

●アオウシヅラノミハムシ *Chaloenus matangensis* 67

68 ●ミツホシテイオウハムシ　*Alurnus bipunctatus*

● ハバビロテイオウハムシ　*Alurnus cassideus*　69

70 ●アシグロオオホソヒラタハムシ *Coraliomera nigripes*

●ベニモントゲホソヒラタハムシ　*Chalepus* sp.　71

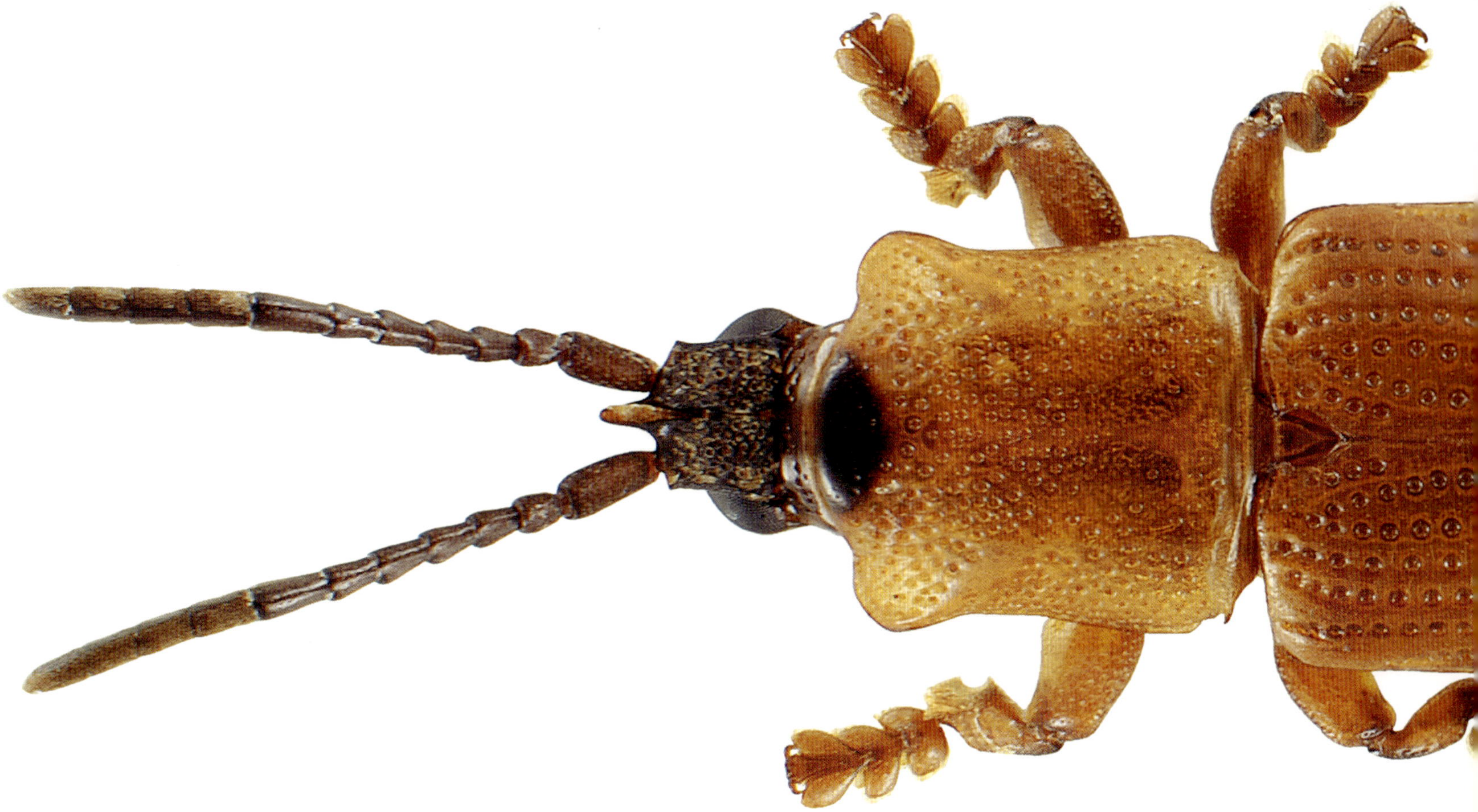

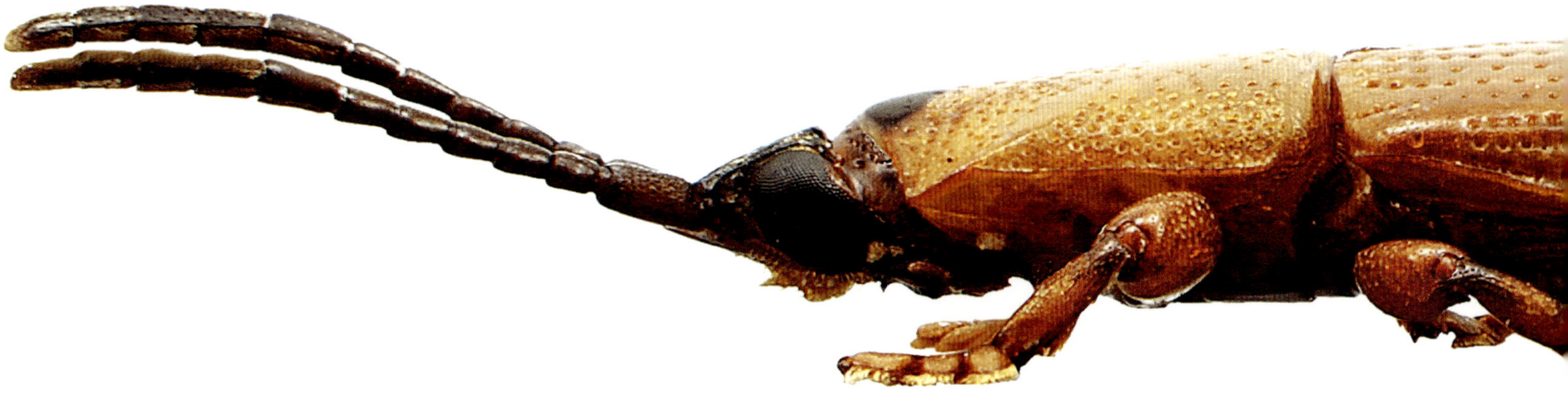

●キムネクロナガハムシ *Brontispa longissima*　73

74 ●フゾロイホソヒラタハムシ　*Octotoma* sp.

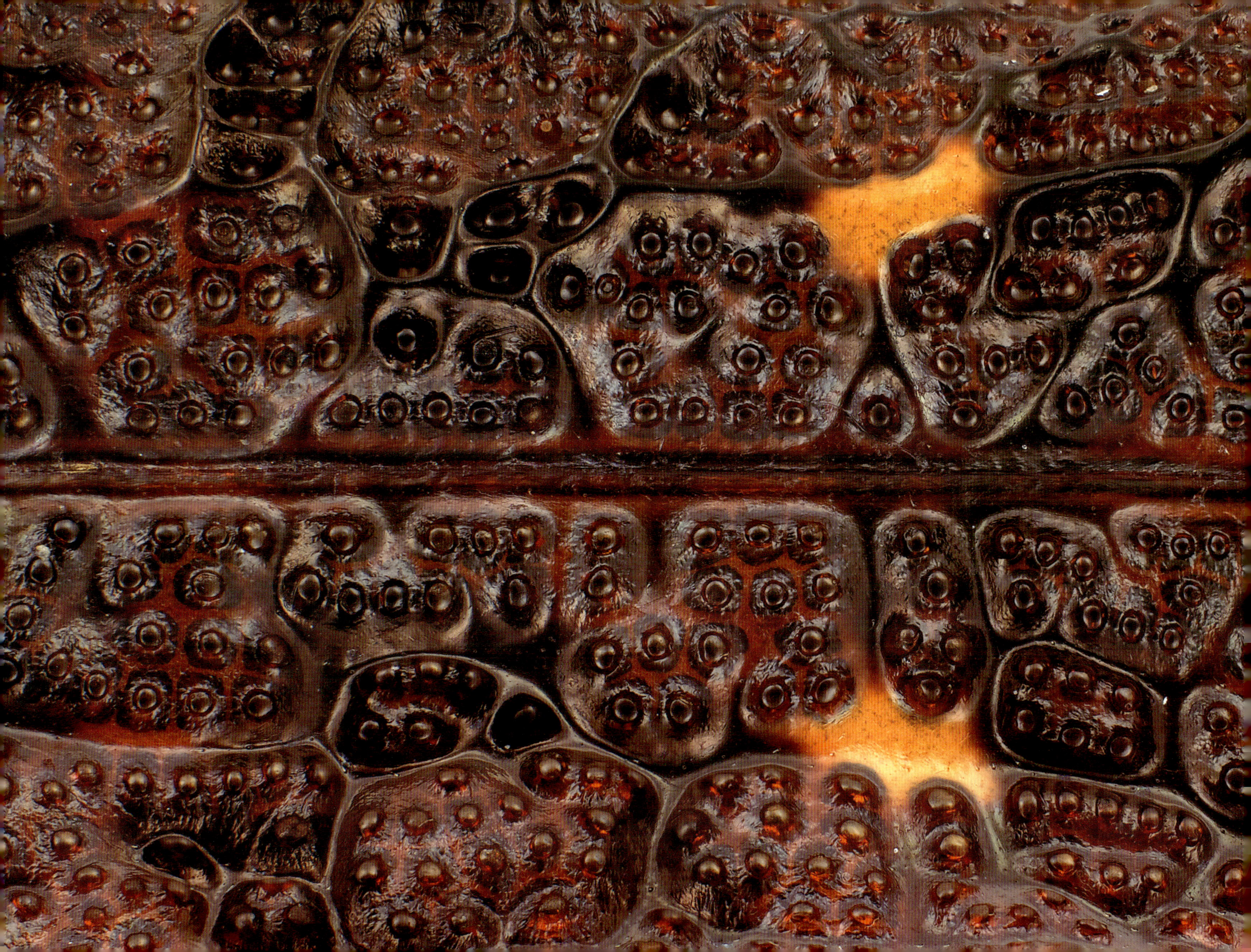

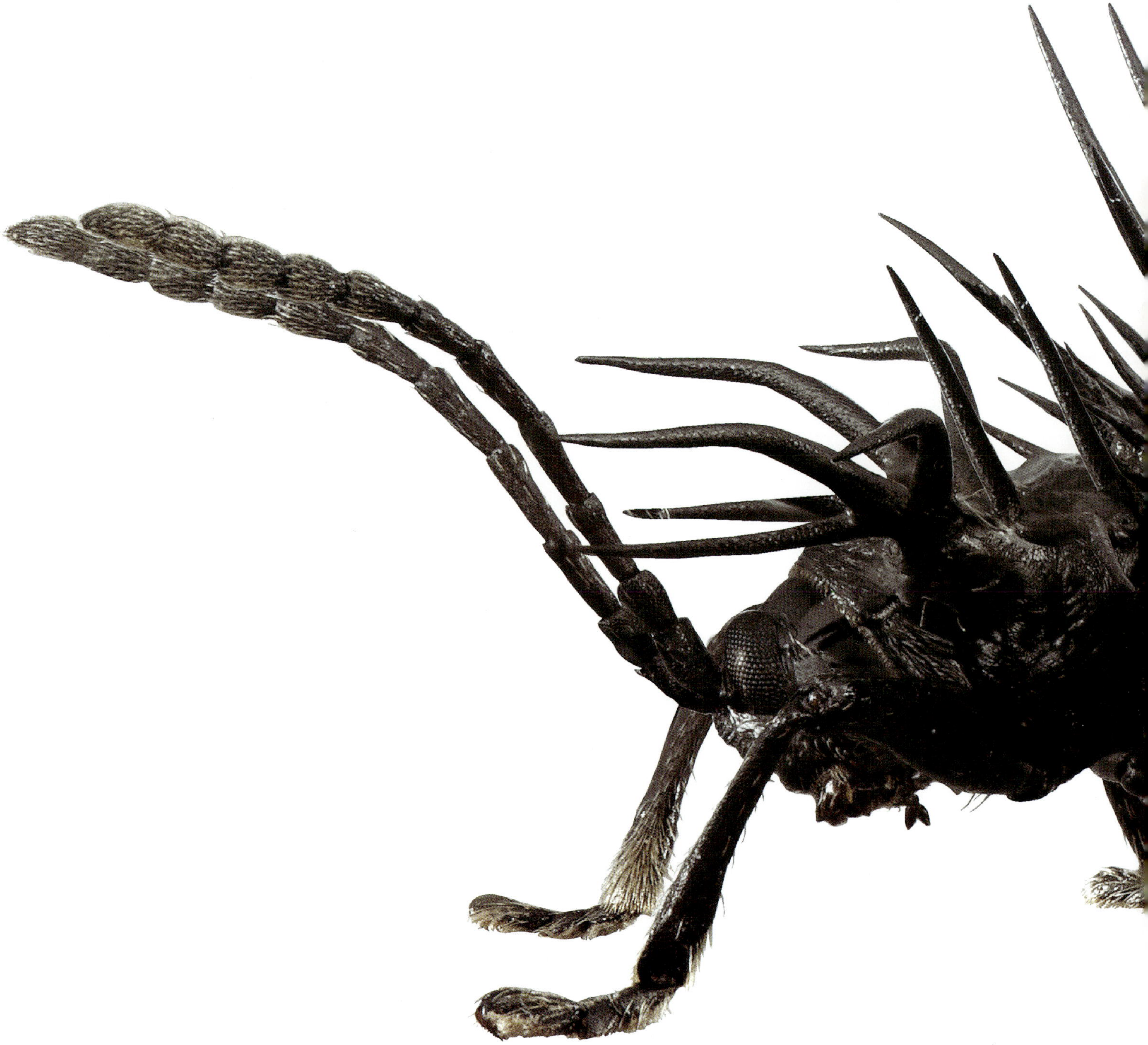

ハリネズミトゲハムシ *Dicladispa megacantha* 77

78 ●フタイロトゲハムシ *Dactylispa* sp.

オオトゲアトコブハムシ *Prionispa* sp. 79

80 ●パプアクロルリトゲハムシ　*Rhadinosa* sp.

●ツシマヘリビロトゲハムシ　*Platypria melli*　81

82 ●ナガルリカメノコハムシ *Craspedonta leayana*

●クロテンセダカカメノコハムシ　*Elytrogona quatuordecimmaculata*　83

84 ●ゴマダラジンガサハムシ　*Aspidomorpha miliaris*

●ウスモンジンガサハムシ　*Aspidomorpha fuscopunctata*　85

86 ●アケボノカメノコハムシ *Cyclosoma mirabilis*

●ベニモンホシカメノコハムシ　*Eugenysa colossa*　87

88 ●フトツノカメノコハムシ　*Omocerus similis*

●アナナガカメノコハムシ　*Chlamydocassis ruderaria*　89

90 ●キモンオオカメノコハムシ　*Stolas mannerheimi*

● キベリミドリカメノコハムシ　*Cyrtonota sericeus*　91

92 ●ベニモンオオカメノコハムシ　*Stolas discoides*

ベニモンオオカメノコハムシ：左頁腹面

94 ●アオカメノコハムシ　*Cassida rubiginosa*

アオカメノコハムシ：左頁腹面

96 ●キアミメオオカメノコハムシ　*Stolas flavoreticulata*

●キムツモンオオカメノコハムシ　*Aspidomorpha bimaculata*　97

98 ●キコモリカメノコハムシ　*Acromis sparsa*

● キテンオオカメノコハムシ *Stolas* sp.   99

100 ●クロテンカメノコハムシ　*Botanochara impressa*

●ムツモンオオカメノコハムシ　*Stolas illustris*　101

102 ●キモンジンガサハムシ　*Stolas redtenbacheri*

カタヅノナガカメノコハムシ *Chlamydocassis tuberosa* 103

104 ●トゲナガカメノコハムシ　*Dorynota puginota*

解説

1：ハムシの世界

ハムシは、葉虫と書くように、植物の葉上でよく見かける。これは、成虫が植物の葉を食料としている種が特に多いためである。そして派手な色彩の種が多く小型ながら、よく目立つ。そんなことから付けられた名称なのだろう。我が国には約600種棲息している。分類学上の詳しい話は、第2章で述べるとして、先ずは、ハムシの魅力を覗いてみよう。

1) 生きた工芸品：多様な色彩・形態

多様な色彩がハムシの大きな魅力である。本書でご覧いただいたように、「生きた工芸品」といった言葉が当てはまる種が沢山いる。また、その生活も多様である。先ずは派手な色彩や特異な構造の種などを紹介しよう。

○多彩な色彩

昆虫は色彩を感じるのだろうか。昆虫の鮮やかな色をみれば、色を感じないわけはないことがわかる。感じないのであれば、あのような派手な色彩で自分を飾る必然性がないと思うからである。

昆虫の種類により異なるのだが、一般的にいえば、昆虫の視覚がとらえる光の波長は、300～600ナノメートル（ナノメートルは10億分の1メートル）で、人間の視覚に比べ100ナノメートルほど短波長側にずれている（人間は380～780ナノメートル）ことがわかっている。つまり、昆虫は人間には見ることの出来ない紫外線（紫外線：100～400ナノメートル、紫：400～435ナノメートル、青：435～480ナノメートル、緑：500～560ナノメートル、黄：580～595ナノメートル、赤：610～750ナノメートル、赤紫：750～800ナノメートル）を見ることが出来る。よく知られているように、人間には同じ色に見えるモンシロチョウの雄雌が、紫外線領域で全く異なった色（？）をしており、モンシロチョウの雄は容易に雌を探し出すことができる（図1）。また、植物の花の多くが紫外線を反射することも知られている。昆虫との共存共栄で成り立っている植物の世界で虫媒花（受粉を昆虫に頼っている花）は、さまざまな色を使って昆虫を誘う。そして、当然紫外線も使うのである。蜜のある中心だけ紫外線を反射して誘う花がある（図2）そうだ。

このように昆虫の見ている世界と我々人間が見ている世界は、大きく異なっている。つまり、我々が日常生活のなかで、ごく普通に受け入れている世界が、人間特有の感覚に基づいたものであり、他の生物の多くは人間とは全く異なる世界として認識しているのである。特に、昆虫の場合、我々のすぐそばで生活しているものが多い。我々のすぐそばで繰り広げられていながら、我々が見て認識しているものとは異なる世界がそこに広がっていることになる。

色を出すためには、その色だけを反射して他の波長を吸収する「色素」をもつことが必要である。昆虫の多くは同じような原理で色を出しているわけなのだが、中には「構造色」という、おもしろい原理で色を出しているものがいる。最も単純な構造色は、半透明の薄い膜の両側で光が反射して、その二つの光の干渉によって出るシャボン玉の虹色である。昆虫では何層にもなった半透明の膜や構造、そしてそこに含まれる色素などにより、見る角度により複雑な変化をする色彩を示す。構造色としてはモルフォチョウの羽が有名であり、これをヒントにした繊維や車の塗料などが製品化されている。

図1：紫外線で撮影したモンシロチョウ（下段：雄／右、雌／左、上段は、可視光での撮影）[1] 提供：北杜市オオムラサキセンター

図2：紫外線で撮影したセイヨウカラシナの花（右、花冠部分で紫外線が吸収され暗くなっている）[2]
提供：福原達人

見る角度や光線によって微妙に変化するその様子は魅力的だ。蝶だけでなく甲虫にもそのような原理で美しい色彩を見せる虫たちがいる。「ニジイロ・・・」という名の付いた虫はたいがいこの原理で色を出している。

ハムシではこの構造色で色を出している種が多い。アカガネサルハムシ（図3，作品32頁）は我が国で広く分布しており、野山に出かけるとよく見かける小型のハムシである。この美しい色彩は構造色で発色している。本書には体の一部が異なる色となっている作品が幾つかある（例えばルリハムシ：図4，作品40頁）。これらは皆構造色で色を出している種である。つまり、撮影時の照明で出た色彩であり、照明条件が変われば、色彩分布も変化するのである。

○多色性

ハムシには同一種でありながら、様々な色彩の種がいる。地域により色彩が異なる種が多いが、同じ場所で様々な色彩の個体が出現する種もいる。キヌツヤミズクサハムシとも呼ばれるネクイハムシの仲間のスゲハムシ（図5）では、黒青色・紫青色・緑青色・赤銅色など様々な色彩のものが同じ場所で出現する。その原理の研究によると、構造色を実現するのは多層の半透明構造であり、その層の構造が個体によって異なるため様々な色彩の個体が出現するのだそうだ。そして、その構造はおそらく遺伝的なものだろうという [3]。

○警戒色

前述のようにハムシには派手な色彩の種が多い。生物は自然の摂理に従って進化をしてきたわけなので、そこには何らかの理由があるはずである。生物では、雄の方が派手な色彩の種が圧倒的に多い。これは雌の関心をひくためだと考えられている。しかし、ハムシの場合雄雌ともに派手な色彩の種が多い。他の理由がありそうである。

生物の色彩にはもう一つの要素がある。警戒色である。つまり、自分は危険だよというシグナルを送ることにより身を守る戦術である。ハムシの派手な色彩は、この警戒色だといわれている。

昆虫のなかで植物に含まれる有毒な物質を食べ、体内にその毒を蓄える種がいる。ジャコウアゲハなどがよく知られている。それらの昆虫は自分の体内に毒があることを鳥などの捕食者に示すために派手な色彩で体を飾ることが多い。これを警戒色という。

テントウムシを捕まえると手が黄色くなることがある。これは、強い刺激を受けると関節から、リンパ液を出すためである。これを反射出血という。この液は異臭と苦みがあり、鳥などに捕食されることが少ないといわれる。テントウムシの派手な色彩は警戒色というわけだ。ツツハムシなどは、テントウムシに擬態して、警戒色としてテントウムシに似た派手な色彩になっているのだという説がある。

いや、ハムシ自身も毒をもっているのだという説もある。ハムシ亜科、クビボソハムシ亜科の成虫は刺激を受けると、前胸背板及び翅鞘の縁から捕食者にとって味の悪い分泌物を放出する [4]（このような習性は、ハムシ亜科の幼虫にも多いという）。これが捕食者からの防御に役立つのだ。つまり、ハムシの派手な色彩は警戒色でもあるのだ。ヨーロッパにいるクラヤミ（ハナジ）ハムシ（図6）は文字通り血液のような赤いリンパ液を出すという [6]。また、アフリカのカラハリ砂漠にいるヤドクハムシのリンパ液は猛毒をもち、狩猟採集民がこれを毒矢の材料として使うという [7,8]。

図3：アカガネサルハムシ（32頁）

図4：ルリハムシ（40頁）

図5：スゲハムシ

図6：クラヤミ（ハナジ）ハムシ Timarcha tenebricosa[5]
提供：日本甲虫学会　野村周平

図7：ツチイロニセコブハムシ（23頁）

○首が引っ込む

　昆虫は、飛ぶ能力を獲得したことにより、飛躍的発展を遂げた。ところが、甲虫は、4枚の翅のうちの前2枚を固い鎧（鞘翅）のようにして、身を守っている。このため、甲虫では、飛ぶ能力が犠牲になっている。

　さて、鳥などの外敵に襲われたとき、飛ぶことの苦手な甲虫、特に、ハムシ・ゾウムシ・テントウムシなどの小さな甲虫類は、別の方法を考え出した。新たに考案した防御策は、「死んだふり（擬死）」をすることだった。擬死とは、前著「象虫」の解説でも書いたように、昆虫などが外来の刺激によって筋肉が硬直し、一時的に死んだように動かなくなる現象をいう。手足、触角まで丸め込んでいる（図7、作品22頁）。亀のように、手足を甲羅の中に引っ込めるわけにはいかないのだが、亀に近い形で防御態勢をとることができる。

　しかし、これを実現するのはそう簡単ではない。長い手足が邪魔になりそうだし、触角も心配だ。そうなるとどうなるのだろう。触角を折り曲げることが出来るようにし、そして折り曲げた触角に加え手足まで収納する溝まで用意しているのだ。

　さて、危険を察知して手足をすぼめるとどうなるか。当然、葉上や枝から、地面に転げ落ちる。経験した人ならすぐわかるのだけれど、草むらに落ちて動かない虫を探すのは至難の業だ。多分、視覚に頼る天敵の鳥にとっても同じなのだろう。つまり、これが最も早く外敵から逃れる方法なのである。擬死はあくまで、「死んだふり」である。従って、地上に落ちたハムシは、しばらくすると動き出し逃走する。

　全てのハムシが擬死するわけではない。頭部だけを重点的に守っているのではないかと思われる習性をもっている種がいる。昆虫の胴体は、頭部、胸部、腹部に分かれている。頭部には口、眼、触覚など環境情報とのインタフェイスになっている機能が多い。このため、頭部の動きの自由度を上げるため、昆虫は様々な構造を生み出している。ハムシを採集し、いざ標本を作製しようとすると亀のように頭部が胸部に引っ込んでいる種が多いのに気づく。始めからそんな構造なのかと生態写真を見ると、そんなことはなく、頭部は前に出ている（図8はルリハムシの生態写真。図4の同種の剥製写真と比べると頭部が突き出しているのがよくわかる）。

　余談だが、剥製写真では出来るだけ自然状態に近い形態の標本作製を目指す。この引っ込んだ頭部は始末が悪い。死んでから時間の経った標本では頭部を引き出すのはとても難しいのだ。

　このように頭部を胸部に引っ込ませる機能を有する甲虫は珍しいのではないか。大切な頭部を守るための進化なのだろう。

　本書の最後にはカメノコハムシ（図9）が十数種収録されている。いずれもユニークな形と色彩で異彩を放っている。カメノコハムシでは前胸と前翅が拡がって一枚のなだらかな曲面のようになっている。コノハムシなど植物の葉に擬態している昆虫は多いが、カメノコハムシの場合そんな風には見えない。派手な色彩の種が多いので、擬態とは思えない。頭部は常に胸部の下にあるし、脚部も簡単に隠せるので、身を守るには好都合なのだろう。事実、危険が迫ったときや長時間静止するとき、カメノコハムシは手足を引っ込める。そうすれば、虫には見えないかもしれないし、鞘翅だけが露出するため捕食者が攻撃しにくいことは確かだろう。

○色が変わる

　ハムシやテントウムシでは、死ぬと色が変わる種が多い。よく見ると、構造色で色を出している種でなくても

図8：ルリハムシ、頭部が突き出している [9]
　　　提供：越智弘明

図9：ベニモンオオカメノコハムシ（92頁）

図10：アオカメノコハムシ（94頁）
　　　緑色の体色が死ぬと褐色に変色する

体の表面を覆うクチクラの部分が透明な種が多い。クチクラの下に液体を含む薄層があるらしいのだ。死亡することその層が乾燥するために色が変わるようだ。水分を与えると元に戻るという話もあるが、私は経験していない。色の変化するほとんどの種では、黒色以外の部分が最終的に褐色系になる。

剥製写真家としては、これは難題である。確かにハムシの標本の多くは黄褐色である。これが元々の色なのか変色したためなのかの判断がつかないのである。このため、生態写真を探して元の色との比較をするのだが、色の変化している種が多いし、生態写真が見つからない種もいる。

そこで、色の変わりそうな種については、自分で採集をする。それを生きたまま持ち帰り、殺してからすぐに撮影を行う。幸い脚や触角は色彩変化が少ないようなので、頭部・胸部・腹部を主体に撮影する。その後、展脚を行い剥製らしい形にして乾燥させ、全体を再度撮影する。その後、始めに撮影した頭部／胸部／腹部と再度撮影した触角・脚部を合成する。本書に収録した我が国のハムシのほとんどの種はこのような方法で作品化している。海外から購入する標本は、そのような手法が使えないし、生態写真も見つけにくい。このため、色の変化したと思われる種を避けて作品化している。

余談だが、アオカメノコハムシ（図10）のように、同じ種でも黄褐色の個体が出現する場合があるので注意が必要である。

○トゲナシトゲトゲ・トゲアリトゲナシトゲトゲ

トゲナシトゲトゲという俗称がついているハムシがいる。トゲハムシの仲間である。自己矛盾した名前が以前より話題になっており養老さんも取り上げている[10]。一時沈静化していたが、タモリ倶楽部で取り上げられたり、ケータイ会社のコマーシャルに使われた[11]のをきっかけにして再びネットで騒がれるようになっている。実はトゲアリトゲナシトゲトゲという訳のわからない俗称のハムシも存在する。

本書にはそれらの種が収録されている。先ずトゲトゲ（トゲハムシ）は、背中に顕著なトゲを有する。これに対してトゲナシトゲトゲにはトゲがない。形態は違うが、生物学上は極く近い仲間なのである。

トゲハムシのトゲはハリモグラやヤマアラシのように天敵に対する防御策なのだろう。一方トゲナシトゲトゲは、植物の葉鞘（鞘のように茎を包んだ葉の基部）に潜り込む習性の種が多い。このため扁平な体型となる。これも捕食者に対する防御策なのだろう。このように、天敵に対する防御策の違いにより同じ仲間とは思えないほど異なる形態になっているが、これは人間の感想で虫たちがどう思っているかはわからない。感性を働かせてトゲナシトゲトゲにトゲを付けた姿を想像すると、トゲナシトゲトゲは確かにトゲトゲになる（図11, 図12）。

さてトゲアリトゲナシトゲトゲである。確かにトゲは存在する。しかし、そのトゲは上方には突き出ていない。つまり、植物に潜り込むのに邪魔になるような構造のトゲではない。明らかにトゲのあるトゲハムシとは異なる。というわけで、俗称としてのトゲトゲ・トゲナシトゲトゲ・トゲアリトゲナシトゲトゲは架空ではなく現存する。二重否定とおもしろおかしく話題にされたので、現在では、トゲナシトゲトゲはホソヒラタハムシというようなおとなしい和名がついているし、トゲアリトゲナシトゲトゲはトゲナシトゲトゲと区別されていない。

本書に収録されている種は以下の通りである。

●トゲトゲ

・トゲナガイネトゲハムシ・・・・・P3、P76-P77

図11：フタイロトゲハムシ（78頁）
俗称：トゲトゲ

図12：フタイロホソヒラタハムシ
俗称：トゲナシトゲトゲ

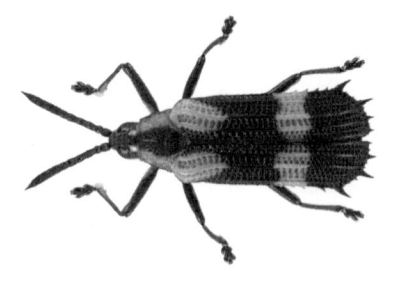

図13：ベニモントゲホソヒラタハムシ（71頁）
俗称：トゲアリトゲナシトゲトゲ

- フタイロトゲハムシ ・・・・・ P78
- オオトゲホソヒラタハムシ ・・・ P79
- パプアクロルリトゲハムシ ・・・ P80
- ツシマヘリビロトゲハムシ ・・ P81
● トゲナシトゲトゲ
- アシグロオオホソヒラタハムシ ・・ P70
- キムネクロナガハムシ ・・・・・ P72-P73
- フゾロイホソヒラタハムシ ・・・・ P74-P75
● トゲアリトゲナシトゲトゲ
- ベニモントゲホソヒラタハムシ ・・・ P71

面白いが一般的には矛盾しているととられるこのような名称は、どうして付けられたのだろうか。それはまさに人間側の都合によると考えられる。我が国に棲息しているこの種の仲間はトゲのあるトゲハムシが主体である。そのため、とても目立つ「トゲ」という名前が付いたのだという説がある。もし、トゲのない種が多く先に命名されたら、全体がヒラタムシとなり、トゲのある種は「トゲヒラタムシ」とでも命名されたのだろうか。そうなったとしたら、「トゲハムシ」と「トゲアリトゲナシトゲトゲ」はどのように区別したのだろうか。

○擬態

擬態には、葉や枝等に似せるなどして、目立たなくする隠蔽型擬態（minesis）と捕食者が嫌うような生物に似せる標識型擬態（mimicry）がある。

minesisでは、コノハムシなど木の葉に擬態するものが多いが、甲虫の場合はもう少し屈折している。ムシクソハムシは3ミリぐらいの小型の甲虫で、その姿は昆虫の幼虫の糞にそっくりなのである。まさに、虫糞葉虫（図14）である。確かに、鳥はこれを食料とは思わないだろうと感じる。本書には、ムシクソハムシの仲間を4種収録している。ムシクソハムシ以外は中南米に棲息している種である。茶系統の種は、岩石のように見えるし、表紙に使った種は金属鉱石に見える。確かにいずれも食料には見えないが、本当に岩石や鉱石に擬態しているのかどうかはわからない。

mimicryでは、テントウムシに擬態しているといわれている種がいる。テントウムシは前述のように、口や関節から、鳥が嫌う液を出すので、安全なのだといわれており、それに擬態したと解釈されているが、本当のところはわからない。図13のトゲハムシは、ベニボタルに擬態しているという人がいる。ベニボタルに似た昆虫は多い。これもベニボタルには毒があるというのが理由となっている。

○胸に角？

カブトムシやクワガタムシの立派な角は有名で子供たちに人気がある。マイナーな存在であるハムシでは、そんな派手なことはしない。地味で目立たないところに角を付ける。

というのは冗談だが、ハムシの中には胸下に角を付ける種がいる（図15）。カブトムシなどの角は、雌を得るための雄同士の闘争に使用されるということになっている。また、テナガという形容が含まれる名前の甲虫の長い前脚は、メスを逃がさないために使うとされている。このため、角や長い足の存在は雄に限定されている。

さて、肝心の胸下に角のあるハムシだが、この胸の突起は何に使うのかさっぱりわからない。と思っていたが、世の中は広い、ちゃんと調べた人がいた。この仲間のハムシで胸下に角があるのはやはり雄だけで、カブトムシなどと同様に雄同士の闘争に利用されるという。といわれてもどのようにこの角を利用するのか、とんと頭に浮かばない。

図14：ムシクソハムシ（20頁）

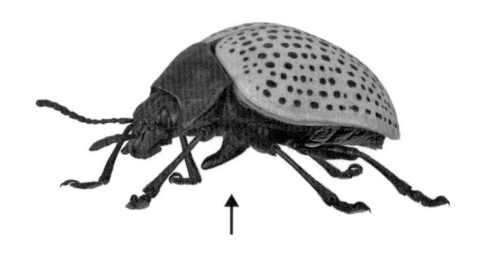

図15：キバネツノハムシ（49頁）
　　　　胸に角のような突起部がある

2）おもしろい習性：多様な生態

ハムシは小さい。その割に目につくのは、派手な色彩と植物の葉を食料としているので、人目につきやすいところにいるためだろうということは既に述べた。しかし、その生活はまだわかっていない種が多い。わかっていることの方が少ないといってよい。ここでは、判明している範囲で、ハムシのおもしろい習性をいくつか紹介する。

○糞

ムシクソハムシは鳥の糞に擬態していることは既に述べた。ハムシには、本物の糞に縁の深い種が多い。ツヤハムシ／ムシクソハムシ／ナガツツハムシ／ツツハムシなどは、親が卵を産むときに自身の糞で卵の外側をコーティングする。孵化した幼虫は、この糞ケースをかぶったまま移動し、自身の成長に合わせて、糞を追加し、体のサイズに合わせて補修する（図16、図29）。

カメノコハムシの仲間は、産卵しては保護物質で被い、卵鞘状にしていき、最後に糞をかける念の入りようである。幼虫は、糞と自分の脱皮殻を背中にしょっている（図17）。

糞で身を守る幼虫もいる。クビボソハムシのなかまの大多数の種は、糞で体を覆う。正に糞に擬態しているようなものだし、天敵に対する防御効果もありそうだ。見つかったとしても食べるのに躊躇するかもしれない。このような習性は人間社会が関係すると思わぬ効果もある。殺虫剤よけのコーティングとしての機能が生ずるのだ。百合の害虫であるユリクビナガハムシは、殺虫剤に対する抵抗力の強さで園芸家泣かせなのだそうだ [14]。

これらの習性は、乾燥から卵や幼虫を守るのが目的だという。もともと腐った木などの中で暮らしていたハムシが、外気にさらされる環境に進出する最大の課題が乾燥に対する防御だというのである（117頁参照）。

○植物との戦い人間との戦い（害虫）

植物が花を付け、蜜や花粉を報酬として提供する代わりに、花粉をめしべに運んでもらう主たる運搬者（送粉者）として昆虫を利用していることはよく知られている。双方が利益をうる共生の典型例と一般的に捉えられている。

さて問題は昆虫側にある。送粉者として活動するのは成虫である。昆虫は卵・幼虫・蛹という過程を経て成虫になる。成虫が子孫を残す生殖作業が主な仕事だとすれば、幼虫は食物を摂取して成長するのが役目だといえる。つまり、幼虫には大量の食料が必要なのだ。その食料の主な対象となるのが植物である。

地球上に多くの昆虫が出現してからしばらく（3億年前～1億5千年前）は、裸子植物（針葉樹など）の時代であった。この時代、昆虫の幼虫は、菌類に適応、針葉樹にも適用したものもあった。そして、花をもつ顕花植物全盛時代とともに昆虫も繁栄を遂げたのである。しかし、昆虫の食料としての植物との関係は送粉者としての立場とは異なる。植物側には直接的な利益が存在しないのである。このため、植物側も物理的・化学的な忌避物質で対抗する。昆虫たちはその防壁を様々な方法でくぐり抜ける。これに植物も新たな策で対抗する。現存する昆虫たちも全ての植物に適応することは出来ず、種によって食料とする植物（食草・寄主植物）は決まっている。これが、昆虫たちが植物との1億年以上のやりとりの中で獲得した適応性なのだ。

それだけではない。昆虫たちは様々な工夫をして、

図16：クロボシツツハムシ [12]
卵を糞で覆う習性
提供：吉村弘之

図17：イチモンジカメノコハムシの幼虫 [13]
糞と脱皮殻を背負っている

図18：クロウリハムシのトレンチ行動 [15]
提供：笹富広一郎

植物の忌避物質から逃れようとする。クロウリハムシがカラスウリを食べるとき、葉に円を描くような食痕を先ず付ける。そして円の中だけを食べる。トレンチ行動（図18）という。これは葉脈を切断して植物の忌避物質輸送ルートを止める[16]のが目的だという。これで、謎が一つ解けた訳だが、自然はそう簡単ではない。カドムネヒゲナガハムシ属（Haplosonyx）（図19）は、トレンチ行動をおこす典型のハムシである。ところが同属の仲間でも全くトレンチ行動を起こさない種もいるのだ。さらに、食痕だけ付けて内身を食べない例（図20）もある。これは摂食行動中に何らかの妨害により成虫が逃亡したものと思われる。このような例から、かつてはトレンチ行動でシアン化合物などの摂食阻害物質をさけていた可能性があるものの、現在では、どちらかというと不利益な行動といえ、遺存的行動として残っているのではという意見もある。生物界は本当にわかっていないことが多いのだ。

ここで人間の登場である。テーマは、害虫である。昆虫の多くは食植性、つまり植物を食べる。その植物が人間にとって食糧や木材として利用価値の高いものであれば、その昆虫は「害虫」になる。広辞苑によれば、害虫とは「人畜に直接害を与え、または、作物などを害することによって人間生活に害や不快感を与える小動物の総称」とある。ここでは、農業害虫を中心に、害虫とは何か少し考えてみよう。

畑という人工の場は、昆虫にとってどんな生活環境なのだろうか？ 畑は、極めて限られた種類の植物が広範囲にわたって棲息する環境である。つまり、人工環境の特徴は、「多様性の欠如」にある。農業でも、林業でも収穫しやすい植物を大量に栽培する。それが畑であり、植林である。その植物が、昆虫が1億年以上の進化の過程で獲得した、適応可能な種であるかどうかで結果は大きく異なる。つまり、畑はそれを食べる昆虫にとっては食料の倉庫であり、食べない昆虫にとっては砂漠と同じだということになる。自然界ではこのように異常に大量な食料に恵まれる環境はない。このような人工環境で、特定種の昆虫が大発生することは必然といえる。

ただし、畑は（収穫によって）ある日いきなり食料がゼロになる環境でもある。これも自然界では考えられないことである。昆虫にはこのような人工的な環境に適合しているものがおり、その多くが「害虫」である。昆虫たちは、このような環境にも適応しなければならないのである。逆に言えば、そのような適応性をもった昆虫だけが生き残ったのだろう。

自然状態で畑のような環境が発生したとしよう。いわゆる害虫と呼ばれる昆虫は大発生をして、畑の植物を食べ尽くしてしまう。その結果、環境は破壊され、昆虫は移動するか絶滅してしまう。そして、多様な植物が発生するような環境に変わっていくかもしれない。害虫とはそのような役割をもった昆虫なのだ。

人間はこれらの害虫を、「農薬」という武器を使って駆除してきた。しかし、時間がたつと農薬に適応するものが現れたり、農薬により天敵が駆除され、新たな「害虫」が出現したりすることがわかってきた。まさに、「いたちごっこ」である。これらのことから感じるのは昆虫の多様性の強みと適応性の高さである。自然という大きなシステムの中での大先輩「昆虫」には、新参の人類にはうかがいしれないような「生き残るための戦略」が隠されているのだろう。

ハムシとゾウムシは成虫、幼虫ともに植物の葉を主食とするために「食葉性昆虫」と呼ばれる。つまり、ハムシとゾウムシは人間にとって農業害虫になる可能

図19：トレンチ行動を起こさないハムシの仲間 撮影：滝沢春雄

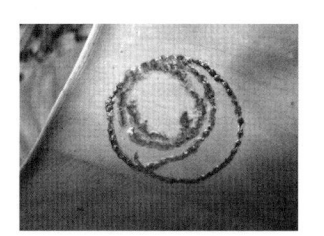

図20：食痕だけ付けた例 撮影：滝沢春雄

表1：我が国の害虫ハムシと食害植物 [17]

ユリクビナガハムシ	：ユリ
ジュウシホシクビナガハムシ	：アスパラ
ウリハムシ	：ウリ科の植物
クロウリハムシ	：野菜ウリ
イチゴハムシ	：イチゴ
ダイコンハムシ	：アブラナ科の野菜
フタスジヒメハムシ	：大豆、インゲン、小豆
マダラカサハラハムシ	：茶
ヨツモンカメノコハムシ	：サツマイモ

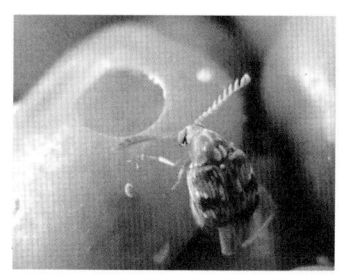

図21：アズキゾウムシ [18] 提供：篠木善重

性が大きいということになる。これらの昆虫が食べる植物の葉がたまたま人間の農作物だったとすると害虫になるのである。事実、この両グループの虫たちには害虫として嫌われ、恐れられている種が多い（表1）。

最後に、害虫と呼ばれている代表的ハムシを紹介しよう。貯蔵食品害虫としては、米につくコクゾウムシが有名である。ハムシの仲間にも大害虫がいる。貯蔵アズキやインゲンにつくアズキゾウムシ（ゾウムシという名がついているが、ハムシの仲間：図21）である。これら貯蔵食品害虫は、以下のようなユニークな特徴をもっているという[19]。

「最大の特徴は、水分含量15%以下の乾燥食物を栄養源として摂取できることで、そのため本来的に貯蔵性の高い乾燥食物の加害を可能にしている。もう一つ際立つ特徴は、ヒッチハイカーとして食物に混入して運搬され、分布拡大していることである。」

貯蔵食品害虫は、まさに人間の生活に依存して暮らしているわけだ。このような特殊な環境に適応するため、1ヶ月前後という短期間で卵から成虫になるという。昆虫の環境適応性の高さに驚かされる。

世界的に有名なのがコロラドハムシ（図22）である。米国で発見されたジャガイモの害虫である。元々は、ロッキー山脈でナス科の植物を細々と食べているきれいなハムシという存在だったが、ジャガイモの栽培が進むと一気にその分布を拡げ、米国全土に拡がり害虫としての悪名をとどろかせた[20]。その後ヨーロッパにも潜入した。幸い日本にはまだ潜入していないが、今や世界中で恐れられている害虫である。

コロラドハムシの拡がりは、人間と害虫の関係を如実に表している。人類の重要な主食の一つであるジャガイモは、世界中の広い範囲で栽培されている。そのような環境が提供されたとき、その植物に寄生する昆虫が爆発的に繁栄する。自然では、長い時間をかけてバランスのとれた環境が形成される。新しく人工的に作られた環境では、天敵の存在などでバランスを取る自然の知恵を発揮する時間がないことはよくわかる。

○跳ぶ

飛ぶではなく、跳ぶである。ノミハムシ（トビハムシ）という名前のついたハムシの仲間（図23、図24）がいる。その名の通り、この仲間は「跳ぶ」。後脚腿節、つまり後ろ脚のモモの部分の筋肉が発達しており、ここに蓄えた力を一気にはき出して跳躍するのである。

※詳しくは、文献21に以下のように載っている：

「トビハムシ亜科は、後脚の腿節中に、特殊な跳躍器官を発達させている。この器官は、はじめてその存在を報告したイギリスの研究者の名をとってモーリック器官と呼ばれている。これは腿節中に入り込んでいる脛節伸張腱（けいせつしんちょうけん）がスクレロチン化したもので、そこにたくわえられたエネルギーを放出することで瞬間的にジャンプして天敵からのがれる。」

前著「象虫」の解説にも書いたのだが、ノミやバッタの跳躍性能は鳥類・哺乳類よりも一桁高い（重さを同一にしたとき）のだそうだ[22]。ノミハムシも同じような跳躍性能なのだろうか。跳躍力は種によって大きく異なり、ごくわずかにジャンプするにすぎない種から体長の数百倍ジャンプする種まで存在するという[23]。それはノミハムシの仲間の体の大きさに幅があることにも関係しそうだ。ノミゾウムシでは、ごく小型の種しかなかったのだが、ハムシの場合、かなり大型の種がいるのだ。小型のハムシは、筋骨隆々と表現できるような後脚をもっているので、いかにも跳びそうだが、大型種は一見跳びそうもない普通の形態である。

しかし、大型の種も一応跳ぶのだそうだ。ただ、ジャンプ力はやはり小型種の方が遥かに高いようだ。

○潜る

ハムシはいろいろなところに潜る。先ず葉に潜る。

図22：コロラドハムシ

図23：オオキイロマルノミハムシ（60頁）

図24：ミドリトビハムシ（62頁）

図25：潜葉性の幼虫（トゲハムシの仲間）
撮影：滝沢春雄

ハムシの幼虫の多くは、葉肉に潜り込んで葉肉を食べる。潜葉性（図25）と呼ぶ。葉に筋がつくので、「絵かき虫（主に蛾の幼虫）」と呼ばれることもある。

次は地中である。ハムシの幼虫の多くは、地中に潜り、蛹になる。ウリハムシ、アカガネサルハムシなど、幼虫が植物の根を食べる種も多い。これらの種では、親が葉を食べ、子が根を食べる。その中でも、ネクイハムシ（図26）の幼虫は、水辺に生える水草の根を食べる。つまり、水底の下で生活する。呼吸できるのか心配になるが、「幼虫は茎や根を食べて半水性生活をします。呼吸は、第8腹節にある一対の鉤状の突起を茎に刺しこみ、植物体内の空気を取り込みます。[25]」とのことだ。

ハムシの仲間には、「糞」の項で述べたように、自分の卵の殻と糞により、筒をつくり蓑虫のようにそれを隠れ家にしている種もいる（図27）。つまり、自分の作った隠れ家に潜る。これも、乾燥防止がきっかけなのだろうか。（詳しくは、115頁、表4参照）

○親による幼虫の保護

蟻、蜂など社会性の昆虫を除くと、親が幼虫の保護をする昆虫例はそう多くない。カメノコハムシの一種は、幼虫の世話をするという。「孵化した幼虫は親に付き添われて集団で摂食を行う。食事が終わって幼虫が寄り集まると、母親はその上に覆いかぶさって、捕食者や寄生者から身を呈して守る（図28）[26,27]」という。確かにカメノコハムシの体型は他のハムシに比べ、幼虫がその下で隠れる場所が多そうだ。まさにジンガサハムシの名がふさわしい。

○単為生殖

動物の大部分は雄と雌がいる。異なった遺伝子を有する雄と雌から子孫を残すことにより、同じ種の中でも多様性が増大し、複雑に変化する環境に対して、総合的に見て、強靱になることから、動物において、子孫を残す手段の基本となっている。ところが、中には雌だけで繁殖するものがいる。これを単為生殖という。日本では外来種であるキベリハムシ（図29）での単為生殖が確認されている。また、茶を加害するマダラカサハラハムシも、単為生殖するのではないかといわれている。

○帰化虫

帰化虫とは私が作った造語である。つまり、外来種で我が国で定常的に発生するようになった昆虫のことである。海外からやってきて、従来生息していなかった環境に、新たに出現する種がいる。その原因は、自然環境の変化・台風での運搬、そして人間による移動などである。ただ、自然環境の変化によるものは昆虫出現の太古から繰り返されたのだから、外来種という言い方はおかしい。台風などによる移動は、一時的な発生（冬を越えることができないなどの理由）になる場合が多く、例えば蝶の場合「迷蝶」と呼ばれ、蝶ハンターの格好の標的となる。

外来種という言葉には、「人為的な移動」というニュアンスがあるのだ。人為的な移動による昆虫の侵入の特徴は、突然前触れもなく遠い外国の昆虫が出現することである。多くの場合、気候の問題や食料の問題で短期間で姿を消すのだが、たまたま、環境が外来種の対応可能なものだと、定住してしまう場合がある。つまり、外来種と帰化種はそう違いはないが、長期に定住すると外来種かどうかわからなくなる場合がある。そんな状態になると帰化種という言葉の方が適合性が

図26：キンイロネクイハムシ（15頁）

図27：ハギチビクロツツハムシ[24]
提供：今坂正一

図28：子守をするハムシ（98頁）

図29：キベリハムシ（58頁）

図30：キムネクロナガハムシ（73頁）

よいような気がするがどうだろう。

さて人為的といっても「意識的」の場合と「無意識」の場合がある。ほとんどの場合、輸入材木・食料についてやってくる「無意識」の移動である。この場合「検疫」という関門もある。「意識的」と思われる例も最近見受けられる。ホソオチョウは完全に定着したし、関東では奄美大島とは異なる亜種のアカホシゴマダラが定住している。「意識的」の場合、食料などが我が国にも存在することを意識した上の行動である可能性が高く、定着率が「無意識」の場合に比べ格段に高くなるのだろう。最近は、第三のケースも現れだした。「逃亡・放棄」である。我が国ではカブトムシ・クワガタムシなど一部の甲虫が生きたまま輸入できるようになり、新たなペットとして人気がある。これらの昆虫が逃げ出したり、飼い主が生きたまま放棄する場合がある。在来種の生息に影響を与えるとマスコミでも取り上げられているので知っている人も多いと思う。

さてハムシである。ハムシの場合も、これまで述べてきたことがほぼ当てはまる。まず、台風など自然現象により運ばれたと思われる種は、南西諸島に多い。特に、八重山諸島は台湾に近く、また台風の通り道なので、よく台湾・東南アジアの種がやってくる。最近の例では、台湾にいるタイワンルリハムシが沖縄地方で大発生している。その被害は甚大だという。この地方の外来種は人為的か、自然現象によるものか判断が難しい。ヤシにつくキムネクロナガハムシ（図30）も外来種だが、これは人為的・無意識の移動かもしれない。無意識の人為的移動で我が国に侵入し、定着して帰化虫となったのが、ブタクサハムシである。既に関東・中部地方の広い範囲に分布している。コアラの食べ物であるユーカリを食べるオーストラリアからの種（ユーカリハムシ）もいる。そして、どう考えても意図的移動と思えるのが、三重県に侵入したオオモモブトハムシ（図31）である。

外来種の問題は奥が深い。世の中グローバル時代である。その中で、文化の多様性を保つことが難しいのと同様、ほっておくと生物の多様性も危うくなるかもしれない。生物多様性条約が締結されたのをみても危険が近づいていることがわかる。生物はある意味、「隔離」「突然変異」そして「時間経過」の中で、多様性を拡大してきた。人の地球に対する影響力が巨大になった現在、大規模開発による自然破壊にともなう種数の減少に加え、人とモノの激しい移動が生物の多様性にも影響を与えている。

2：ハムシの戸籍

昆虫全般及び甲虫全般の詳しいことは、前著「象虫」で述べたので、ここでは、ハムシに関連の深い事項に絞って解説する。

1）ハムシ上科

本書で扱っているハムシ類は、ハムシ科の甲虫の総称である。先ずハムシ科の昆虫の中での存在を位置付けよう。ハムシ科は昆虫網・外顎亜網・コウチュウ目・カブトムシ亜目・ヒラタムシ系列・ハムシ上科（表2）に属する昆虫である。甲虫（コウチュウ目）は、ナガヒラタムシ亜目、オサムシ亜目、ツブミズムシ亜目、

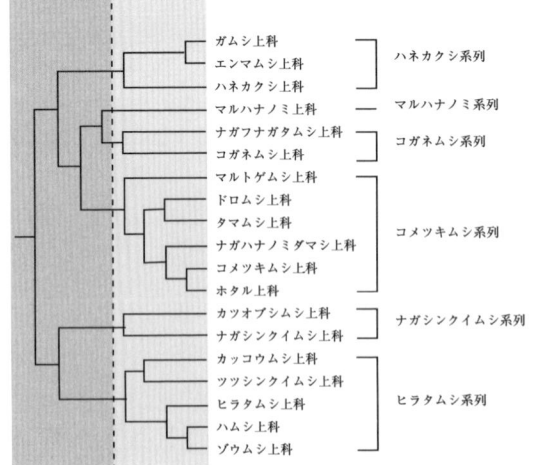

図31：オオモモブトハムシ（11頁）

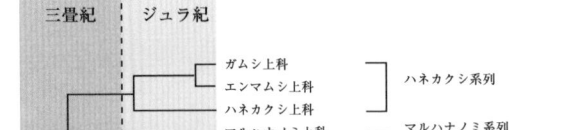

表2：カブトムシ亜目の類縁関係図（Crowson,1981を変写）[28]

カブトムシ亜目に分類される。ハムシ科は、そのうちのカブトムシ亜目に属（表2）している。甲虫であるので、「完全変態を行い、卵、幼虫、蛹、成虫の発育段階をもつ昆虫で、外骨格と呼ばれる強く角質化した表皮で体を覆っている」という甲虫の特徴を有している。

表2でわかるようにハムシとゾウムシは親戚関係にある。そして、甲虫の中では最も遅くなって分化したグループの一つといえる。

甲虫では腐食性（死骸を食べる）、菌食性（菌類を食べる）、捕食性（生きた生物を捕まえて食べる）が主体で、植物を食べるグループはそう多くない。その中で、ハムシとゾウムシの仲間は、地球上に豊富に存在する植物を食べる能力を進化させたと考えられている。ハムシとゾウムシが「食葉性甲虫」と呼ばれるのはその

ためである。害虫の項で述べたように、植物の葉を摂取できるようになるのは容易なことではないのだ。

ゾウムシがハムシ上科から分化したのが、約1億5千万年前のジュラ紀だといわれている。昆虫が地球上に出現してからしばらく（3億年前～1億5千年前）は、裸子植物の時代であった。現在繁栄している被子植物が繁栄を始めた時期と、ハムシとゾウムシの仲間が出現する時期とが一致する。「はじめはハムシ、ゾウムシともに起源した頃、優勢であった裸子植物（とくに針葉樹）を利用していたと考えられている。しかし、白亜紀以降、針葉樹にかわり優勢となり、現在では地球上の陸地を覆い尽くすまでに繁栄した被子植物に寄主転換し、植物の多様化とともに、一気に適応放散した。つまり両群ともうまいタイミングで（被子植物の分化

直前に）起源し、その後の植物の多様化の恩恵をこうむったわけである（もっとも、植物の多様化にも両群が寄与したことは少なくない）。[29]」としている。原始的なハムシは、裸子植物から単子葉植物に食転換したと考えられている。

ハムシ上科は、カミキリムシ科、カタビロハムシ科（図ではカタビロハムシ科が独立科として扱われているが、最近ではハムシ科に分類する研究者が多くなっている）そしてハムシ科に分類（表3）される。意外に思う人がいると思うが、カミキリムシはハムシ上科に属するのだ。カミキリムシはジュラ紀後半、ゾウムシと同じような時代に出現したようだ。ハムシ・ゾウムシと同様、植物の多様化とともに、一気に適応放散したのだろう。

我が国に棲息するゾウムシは、約1400種で最大の甲虫集団といわれている。一方カミキリムシ科の昆虫は約800種、ハムシ科の昆虫も600種程度（世界では5万種）棲息する。つまり、ゾウムシと同様上科で比較

表3：ハムシ上科の類縁関係図（主に Mann&Crowson,1981 と Crowson,1981 による）[30]
注：現在では、カタビロハムシ科もハムシ科に属するというという説が有力となっている

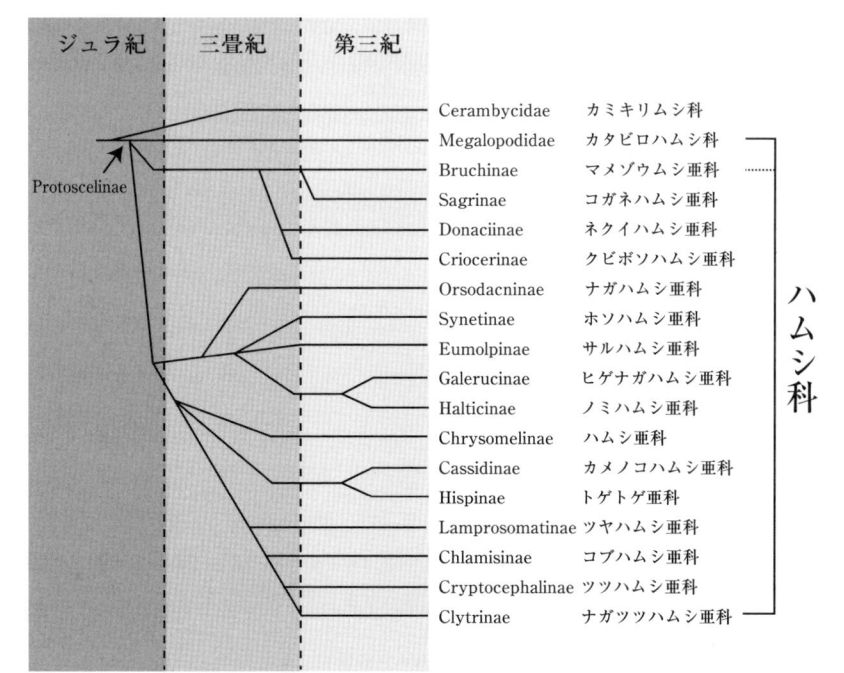

表4：ハムシ科の生活様式 [31]

亜科	産卵場所	幼虫の生活空間／食性	蛹化場所	成虫の食性
Sagrinae	茎	虫こぶ／茎	虫こぶ	葉
Aulascelinae	?	?／?	?	花粉、花片
ナガハムシ	?	地表	?	花粉、花片
モモブトハムシ	葉上	葉内	／葉	地中	葉
ネクイハムシ	葉上	水中	／根	水中	花片、葉
カタビロハムシ	茎内	茎内、地中	／茎、根？	地中	汁液、葉
クビボソハムシ	葉上	葉上、茎内	地中、葉上	葉
ホソハムシ	地表	地中	／葉	葉
ナガツツハムシ	地表	地中、地表	／植物残渣	地表、地中	葉、花片
ツツハムシ	地表	地表、葉上	／朽葉、葉	地表	
コブハムシ	葉上	葉上	／葉	葉上	
ツヤハムシ	葉上	地表	／朽葉、葉	地中、葉上	
Megascelinae	?	地中、地表、葉上	地中	／根？	地中	葉
サルハムシ	地中、地表、葉上	地中	／根	地中	葉
ハムシ	地表、葉上、茎内	葉上、茎内	／茎、葉	葉上、地中	葉
ヒゲナガハムシ	葉上、地中、地表	葉上、葉内、地中	／葉、根	地中、葉上	葉、花片
ノミハムシ	葉上、葉内、地表、地中	地中、葉上、葉内、根内	／葉、根	地中	葉、花片
トゲハムシ	葉内	葉内、葉上	／葉、茎	葉内	
カメノコハムシ	葉上	葉上、葉内	／葉	葉上、葉内	葉

すれば、ハムシ上科の昆虫はゾウムシ上科の昆虫に匹敵するか、それを上回る種数を誇る大集団なのである。

本書は、ハムシ科の昆虫を収録している。ハムシ上科とせず、ハムシ科に限定した。ハムシ上科に属するカミキリムシ科の昆虫はハムシより一般的で遙かに人気がある。このためカミキリムシがハムシの仲間だといわれてもピンとこないというか、納得できないのが一般的な感触であるという人間側の理由による。

またマメゾウムシというゾウムシという名前がついているハムシの仲間がいる。この仲間は、以前はカミキリムシと同様独立した科として、ハムシ上科に位置付けられていたが、近年は、ハムシ科の亜科に含めるのが一般的となっている。

2）ハムシ科

ハムシ科の類縁関係（表3）から、研究者が考えていることが読み取れる。（1）本書にも収録されているコガネハムシ亜科（日本にはいない）、モモブトハムシ亜科、ネクイハムシ亜科、クビボソハムシ亜科が早く分化した。確かにカミキリムシに近い形態をしている。（2）ヒゲナガハムシ亜科とノミハムシ亜科、カメノコハムシ亜科とトゲトゲ亜科は最も遅くなって分化した。（3）ツヤハムシ亜科、コブハムシ亜科、ツツハムシ亜科、ナガツツハムシ亜科は共通の祖先をもっている。ただ、もっとさかのぼれば、全て同じ祖先から分化したわけで、相対的なものだともいえる。

さて、前章で述べたように、ハムシは多様な形態・生態を有している。そしてハムシはゾウムシと同様何処にでもいる。つまり多様な空間に棲息している。形・色だけでなく生活も多様なのだ。本書の監修をお願いしている滝沢春雄先生が木元新作先生と共著で我が国で唯一のハムシの大図鑑である「日本産ハムシ類幼虫・成虫分類図鑑（東海大学出版会）」でハムシの生活を解説しているので、参照してみよう [31]。

「ハムシ科の成虫がきわめて多様なように、幼虫の生活様式もまた多彩な適応を示している。その生活空間を表4に示した。卵は食草の葉上、食草周辺の地表あるいは地中に産みつけられるが、ホソハムシ、ナガツツハムシ、ツツハムシ、コブハムシ、サルハムシ亜科の一部では卵を糞の小片でおおって地表に落とす習性がみられる。幼虫は、茎葉あるいは根などの生組織を食うが、ナガツツハムシ、ツツハムシ、ツヤハムシでは主に地表の落ち葉などに依存する。また、好蟻性のナガツツハムシでは蟻の巣内の植物性あるいは動物性の残渣を餌とする。幼虫は葉上、茎葉あるいは根の組織内および地中を主な生活空間とするが、ネクイハムシでは水中にあって水性植物の根に餌と酸素を依存している。蛹化は地中で行われるが、ハムシ、ヒゲナガハムシの一部では葉上で蛹化する。成虫は大部分が葉を食うが、ナガハムシが花粉を食い、カタビロハムシが汁液をなめるのはやや例外に属する。」

このような多彩な生活がどのような経過で獲得されたのか。日本産ハムシ類幼虫・成虫分類図鑑には、生活空間の分化と生活様式の進化として詳しい解説がある。大分長いが、とても興味深い記述なので参照しよう [32]。

「ハムシ主科がヒラタムシ主科に由来したものと考えると（Crowson 1954）、いっけんまとまりをかくハムシ主科の生活様式も地表の腐朽木に生活しているヒラタムシ風の幼虫から段階的に変化したものとしてとらえられる。一定の温湿度で、餌に埋没したような環境から、温湿度の変化が大きく、乾燥も強くしかも多くの天敵に曝されるような葉上環境への適応としてハムシ主科の生活史の進化を模式的に示したのが図32である。地表に落ちた腐朽木内の生活（A）から地中で植物残渣あるいは生根を食う生活（B：サルハムシ、

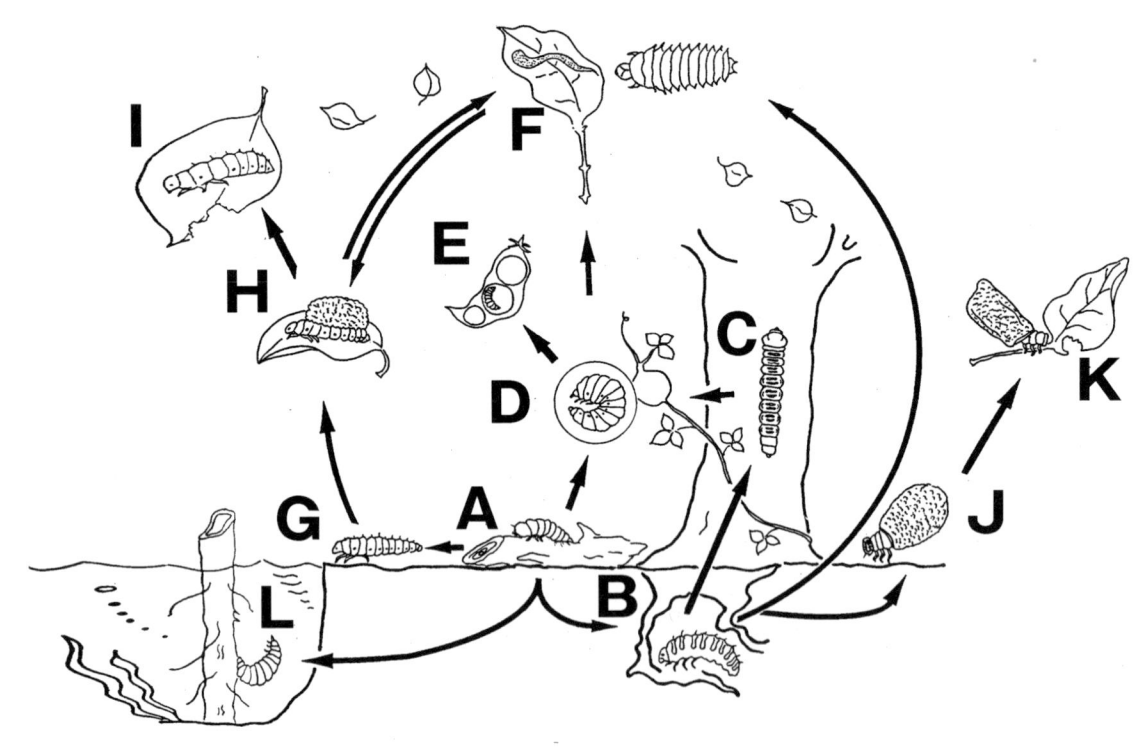

図32：ハムシの生活圏 [32]

一部のカミキリムシ）、地表で植物残渣あるいは生根を食う生活への移行は材の腐朽を考えれば、比較的、容易なものと思われる。腐朽木から枯木、枯木から枯死部そして生木への侵入あるいは腐朽木から地中の根を経て生木への移行がカミキリムシ科の主な進化であり、ハムシ科では枯木をさけ生植物の茎への潜葉生活（F：トゲハムシ、ノミハムシ）への進化が考えられる。この虫こぶ生活の延長としてマメゾウムシ（E）は豆に特化した。一方、地中生活（B）から卵を糞で包んで乾燥を避ける習性を経由して地表での幼虫殻に依存する生活（J：ツツハムシ、ナガツツハムシ）があらわれ、その一部は好蟻性に転化し、一部は生葉を食う生活（K：ツツハムシ、コブハムシ）へと展開した。地表で植物残渣を食う生活（C）から葉上への展開には糞で背面をおおい乾燥をさける習性（H：クビボソハムシ、ノミハムシの一部、カメノコハムシ）が大きな役割を果たしたものと思われ、これらに体表に強いキチン化を伴った葉上生活（I：ハムシ、ヒゲナガハムシ、ノミハムシの一部）が由来したと考えられる。この葉上生活から潜葉性への変化があり、その一方ではトゲハムシとカメノコハムシにみられるように潜葉性から葉上性への変化も考えられる。ネクイハムシの水棲生活（L）は地中生活（B）をへたものと考えるのが適切かもしれない。一方でこれらの生活史の変化に伴って幼虫の集合性、親による幼虫の保護、夜間活動性、あるいは防禦腺による天敵への対応など様々な興味ある特性が発達してきている。このように乾燥に対する適応としてハムシ科の生活様式の進化を考えると、ハムシ科の全体像はより理解しやすくなるが、例えば潜葉性がモモブトハムシ、ヒゲナガハムシ・ノミハムシ、トゲハムシ・カメノコハムシで独立して発生しているように、生活史の進化と亜科の系統関係は必ずしも一致するものではない。」

この記述では、「乾燥に対する適応」を軸に考察が進んでいるのが新鮮だ。我々は、現在の姿を基準に捕食者からの防御という視点でものを考えがちである。勿論捕食者からの防御の要素はあるのだろうけれど、「一定の温湿度で、餌に埋没したような環境から、温湿度の変化が大きく、乾燥も強くしかも多くの天敵に曝されるような葉上環境」へ進出するためには、先ず乾燥への防御が必要だという視点は、的を射ているように感じる。

さて、これまで、ハムシのことを小さい小さいといってきたが、具体的にどんな大きさなのか、簡単な集計をしてみた。資料は、前述の「日本産ハムシ類幼虫・成虫分類図鑑（東海大学出版会）」である。この図鑑には、ハムシの体長の最小値と最大値が掲載されている。これを集計したものを図33に示した。サンプル数は、555種である（一部体長の記載がないものは除いた）。横軸は体長である。縦軸は種数である。1ミリ間隔で種数を集計した。例えば、1ミリは、1mm～1.9mmの体長の種数である。

結果は図33でもわかるように、2～3ミリ程度の体長のハムシが多くなっている。これは私の実感と一致している。最小は、1.0～2.0mmのヒメドウガネトビハムシ、最大は、13～15mmのキベリハムシである。

この結果は、読者の感覚とは異なるかもしれない。というのは、収録している種は比較的大型なものが多い。これは、外国産のハムシは日本産に比べて大型種が多いのに加え、小型個体では死ぬと色の変わる種が多く、外国産の種が使えなかったためである。その結果、小型種のほとんどの作品が自分で採集した種（日本産）のものとなっている。

ちなみに本書に収録している種の最小がミドリトビハムシの2.5mmで最大がアシグロオオホソヒラタハムシの27mmである。

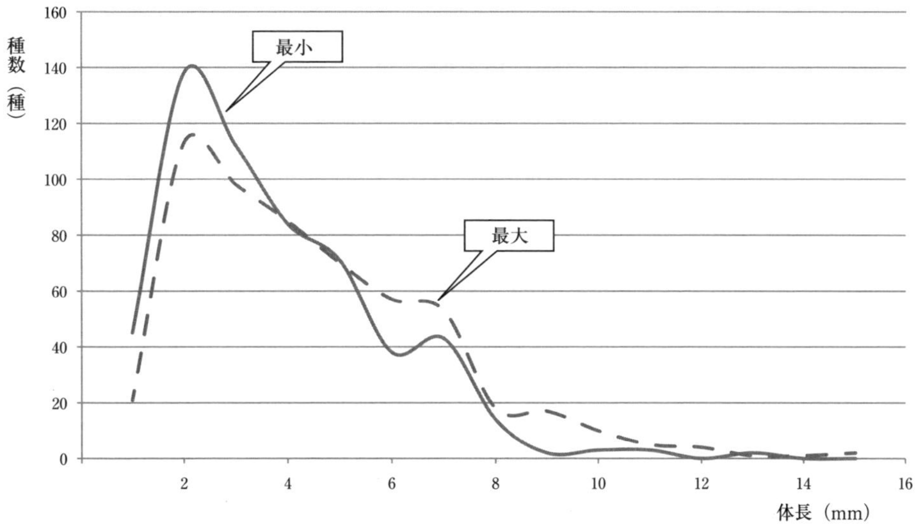

図33：日本産ハムシの体長分布
日本産ハムシ類幼虫・成虫分類図鑑（東海大学出版会）の記述より555種を集計

3：作品データ

ハムシ科には、多くの亜科があり、それぞれに形態的特徴がある。このため本書では、可能な限り亜科別にまとまるようレイアウトした。ここでは、各亜科の特徴と作品データ・標本データ（購入標本については、ラベルデータをそのまま記載）を示す（Pは、作品の頁）。

1) コガネハムシ亜科 Sagrinae

股の太い大型種の多いハムシ。東南アジアに多い。日本にはモモブトハムシ亜科の種がおり、混同しやすい。本亜科は日本には棲息しない（解説の帰化虫の項で述べたように最近一種潜入している）。

P8：オオモモブトハムシ（Sagra femorata）
東南アジアにいる大型ハムシ。
標本データ：Wangchin Pharae THAILAND, May 1998
撮影データ：Canon1DsMark3/CANON 100mmF2.8MACRO ／ 1/250 f8 ／ SB-R200 SPEED LITE+Twincle04F2

P9：ハデツヤモモブトハムシ（Sagra buquetii）
最も大型のモモブトハムシ。
標本データ：Kampong Raja Cameron Highlands MALAYSIA, Feb. 1965
写真データ：CanonDsMark3/SIGMA70mmF2.8MACROSIGMA70mmF2.8MACRO/ 1/250 f8 ／ 430EX SPEED LITE x6

P10-11：オオモモブトハムシ（Sagra femorata）
P8と同種。日本に潜入している。
標本データ：Mt. Argopuro, East Java INDONESIA, June 2004
撮影データ：Canon1DsMark3/CANON 100mm F2.8MACRO ／ 1/250 f8 ／ SB-R200 SPEED LITE+Twincle04F2

P12：アカガネオオモモブトハムシ（Sagra carbunculus）
小型で美しいモモブトハムシ。
標本データ：Mt. Pan Sam Neua, South N. LAOS, June 2010
撮影データ：Canon1DsMark3/CANON 100mm F2.8MACRO,C-AF1.5X TELEPLUS ／ 1/250 f8 ／ Twincle04F2

P13：アフリカオオモモブトハムシ（Sagra (Tinosagra) sp.）
アフリカのオオモモブトハムシ。
標本データ：Rumphi MALAW, May 12 1993
撮影データ：Canon1DsMark3/CANON 100mm F2.8MACRO ／ 1/250 f8 ／ SB-R200 SPEED LITE+Twincle04F2

2) ネクイハムシ亜科（Donaciinae）

幼虫が水草の根を食べることから命名された。旧北区に広く棲息する。成虫は、水辺植物の葉や花粉などを食べる。クビボソハムシ亜科やコガネハムシ亜科に近いという。我が国には22種棲息している。

P14-15：キンイロネクイハムシ（Donacia japana）
美しい！
標本データ：Oohata Aomori JAPAN Aug. 14 2001
撮影データ：Canon 1DsMark3/MP-E 65mm ／ 1/250 f8 ／ 430EX SPEED LITE x4 +Twincle04F2

P16：フトネクイハムシ（Donacia clavareaui）
ネクイハムシ亜科の生態は興味深い。
標本データ：Kitaura V Ibaraki JAPAN 13-16, June,2000
撮影データ：Canon 1DsMark3/MP-E 65mm ／ 1/250,F8 ／ 430EX SPEED LITE x4 +Twincle04F2

3) クビボソハムシ亜科（Criocerinae）

幼虫は背に自分の糞を付けて生活する。ネクイハムシとは近縁。我が国には30種程度棲息している。

P17：アカクビボソハムシ（Lema diversa）
赤と青のコントラストが美しい小型のハムシ。この仲間もカミキリムシを思わせる体型。
標本データ：Kogesawa Hachiouji Tokyo JAPAN, May 13, 2010
撮影データ：NikonD700/NikonAZ100/AZ Plan Apo 1X,PLI4 ／ SB-R200 SPEED LITE x4

P18：アスパラガスハムシ（Crioceris asparagi）
有名なアスパラガスの害虫。日本ではジュウシホシアスパラガスハムシがアスパラの害虫。
標本データ：Ruckerdorf Hohe Linde Gaten GERMAN, June 1992
撮影データ：NikonD700/NikonAZ100/AZ Plan Apo 2X,PLI2.5 ／ SB-R200 SPEED LITE x4

P19：キイロクビナガハムシ（Lilioceris rugata）
規則正しく配列された点刻が美しい。
標本データ：Hanamizu,Shirasuchou, Yamanashi JAPAN, May 28 2010
撮影データ：NikonD700/NikonAZ100/AZ Plan Apo 1X,PLI2.5 ／ SB-R200 SPEED LITE x4

4) コブハムシ亜科（Chlamisinae）

特異な形態のハムシグループ、日本には9種程度で小型種（5mm以下）ばかりだが、海外では種数も多く中型の種も棲息する

P20：ムシクソハムシ（Chlamisus spilotus）
糞に擬態しているとして有名な種。
本当に擬態しているのかはわからない。
標本データ：5322 Endo Fujisawa Kanagawa JAPAN, Sept. 20, 2007
写真データ：NikonD700/NikonAZ100/AZ Plan Apo 4X,PLI2.5 ／ SB-R200 SPEED LITE x4

P21：アカガネオオコブハムシ（Chlamys sp.）
ムシクソハムシに比べると大型のコブハムシ。擬態をしているとすれば、糞というより、鉱物。
標本データ：Campus UFO-16 Altamiro C. Fria BRASIL, March 21 1983
写真データ：Canon 1DsMark3/MP-E 65mm ／ 1/250 f8 ／ 430EX SPEED LITE x4 +Twincle04F2

P22-23：ツチイロニセコブハムシ（Pseudochlamys sp.）
擬死（標本なので死んでいるのだが）のスタイル。実にうまくできている。
標本データ：Manaus 38K Amazonus BRASIL Feb.-March, 1992
写真データ：NikonD700/NikonAZ100/AZ Plan Apo 2X,PLI2.5 ／ SB-R200 SPEED LITE x4

表紙、P24-25：グンジョウオオコブハムシ（Fulcidax coelestina）
生物とは思えないような色・形・質感。
標本データ：Pistu do Kaw ECUADOR Oct. 1990
写真データ：Canon 1DsMark3/MP-E 65mm ／ 1/250 f8 ／ Twincle04F2x2/420EL SpeedLite 6燈使用
写真データ：Canon 1DsMark3/MP-E 65mm ／ 1/250 f8 ／ Twincle04F2x2/420EL SpeedLite 6燈使用

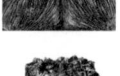

5) ナガツツハムシ亜科（Clytrinae）

日本には10種（世界では1000種）棲息する。幼虫は自分の糞や脱皮殻を使って幼虫殻をつくり、蛹になるまでこの中で暮らす。脱皮や蛹化するときは、幼虫殻の蓋を閉めるという。

P26：オオキバナガツツハムシ
　　　（*Labidostomis toxicornis*） 
これがハムシ？　と聞きたくなるような面相。
標本データ：Martogves (13) 10m FRANCE,
　April 25 1997
写真データ：Canon 1DsMark3/MP-E 65mm ／
　1/250 f8 ／ 430EX SPEED LITE x4
　+Twincle04F2x2

6) ツツハムシ亜科（Cryptocephalinae）

　小型種が多いグループ。種数も多く、フィールドに出かけると、数種は採集出来るという感じ。日本には40種ほど棲息する。

P27：ヨツモンクロツツハムシ
　　　（*Cryptocephalus nobilis*） 
ツツハムシの仲間としては大きい。
標本データ：Nedo Fujisawa Kanagawa
　JAPAN, April 26 2010
写真データ：NikonD700/NikonAZ100/AZ Plan
　Apo 1X,PLI5.0 ／ SB-R200 SPEED LITE x4
　1/250 f8/420EL SPEED LITE 6 燈使用

P28：キボシツツハムシ
　　　（*Cryptocephalus perelegans*） 
小さなハムシ。はっきりした目立つ模様。
標本データ 5322 Endo Fujisawa Kanagawa
　JAPAN, May 26 2010
写真データ：NikonD700/NikonAZ100/AZ Plan
　Apo 1X,PLI4 ／ SB-R200 SPEED LITE x4

P29：バラルリツツハムシ
　　　（*Cryptocephalus approximatus*） 
美しいハムシだが、バラ類の害虫として有名。
標本データ：Sawaraike Amarisan Yamanashi
　JAPAN, June 08 2010
写真データ：NikonD700/NikonAZ100/AZ Plan
　Apo 1X,PLI4 ／ SB-R200 SPEED LITE x4

7) サルハムシ亜科（Eumolpinae）

　ハムシとしては中型グループ。地中に産卵、幼虫は根を食べる。成虫は葉を食べる。

P30：リンゴコフキハムシ（*Lypesthes ater*） 
白い鱗粉で覆われている。羽化直後は黒い地色。
体液を分泌し白色になる。
標本データ：Tachibakawa Fujimi Yamanashi
　JAPAN, Aug. 02 2010
写真データ：Canon 1DsMark3/MP-E 65mm ／
　1/250 f8 ／ 430EX SPEED LITE x6

P31：ニホンケブカサルハムシ（*Lypesthes japonicus*） 
名前のように、全身に毛（鱗片）がある。
標本データ：5322 Endo Fujisawa Kanagawa
　JAPAN, May 06 2010
写真データ：NikonD700/NikonAZ100/AZ Plan
　Apo 1X,PLI2.5 ／ SB-R200 SPEED LITE x4

P32：アカガネサルハムシ
　　　（*Acrothinium gaschkevitchii*） 
所謂普通種でよく見かける。よく見ると本当に美しい。
標本データ：Hirayama Joushi Kouen Hachiouji
　Tokyo JAPAN, May19 2003
写真データ：Canon 1DsMark3/EF100mm
　MacroF2.8,C-AF2X TELEPLUS, Extention
　30mm ／ 1/250 f8 ／ 430EX SPEED LITE x6

P33：フタイロオオミドリサルハムシ
　　　（*Platycorynus speciosus*） 
構造色の美しい東南アジアのハムシ。
標本データ：Cao Bang N.VIETNAM,
　May 16 1995
写真データ：Canon 1DsMark3/EF100mm
　MacroF2.8,C-AF1.5X TELEPLUS, Extention
　12mm*2 ／ 1/250 f8 ／ 430EX SPEED
　LITE x6

P34：オオイモサルハムシ　（*Colasposoma* sp.） 
派手なハムシ。採集地は中国。
標本データ：Keirinkita Kouseishou
　Souzokujichiku CHINA, June 2006
写真データ：Canon1DsMark3/CANON 100mm
　F2.8MACRO,C-AF2X TELEPLUS ／ 1/250,
　f8 ／ 430EX SPEED LITE x5+Twincle04F2

P35：コブスジオオミドリサルハムシ
　　　（*Platycorynus* sp.） 
奇妙な形態の大型のハムシ。マレーシアにいる。
標本データ：Sungai MALAYSIA, 1964
作品データ：Canon1DsMark3/CANON 100mm
　F2.8MACRO+Extention30mm ／ 1/250 f8 ／
　SB-R200 SPEED LITE+Twincle04F2

P36：ムネアカサルハムシ　（*Basilepta ruficollis*） 
拡大してみると結構怖い顔。
標本データ：Daigatake Hakone Kangawa
　JAPAN, July 27 2010
写真データ：NikonD700/NikonAZ100/AZ Plan
　Apo 1X,PLI2.5 ／ SB-R200 SPEED LITE x4

P37：オキナワイモサルハムシ
　　　（*Colasposoma auripenne*） 
金属的な光沢を発する美しいハムシ。
標本データ：Yarabu Ishigaki JAPAN, Oct. 18
　2010
写真データ：Canon 1DsMark3/MP-E 65mm ／
　1/250 f8 ／ 430EX SPEED LITE x4
　+Twincle04F2

P38：ケブカアオトビサルハムシ（*Trichochrysea hirta*） 
確かに毛だらけ。ハムシでは珍しい。
標本データ：Mt. Pan Sam Neua South
　N.LAOS, June 2010
写真データ：Canon 1DsMark3/MP-E 65mm ／
　1/250 f8 ／ 430EX SPEED LITE x4
　+Twincle04F2

P39：アカクビナガカサハラハムシ
　　　（*Goniopleura chapuisi*） 
頭部の形態がおもしろい。
標本データ：Matew Sabba E. MALAYSIA,
　May 2000
写真データ：Canon1DsMark3/CANON 100mm
　F2.8MACRO ／ 1/250 f8 ／ 430EX SPEED
　LITE x4+Twincle04F2

8) ハムシ亜科（Chrysomelinae）

　食草や地中に産卵する。卵塊状の種が多い。幼虫は集団で行動する種が多い。成虫は様々な植物を食べるが、種によって植物の種類は決まっている（食草）。日本には40種が棲息する。

P40：ルリハムシ（*Linaeidea aenea*） 
中型のハムシ。ハムシとしては大きいので、よく見かける。
標本データ：Kamikuishiki Yamanashi JAPAN,
　June 17 2010
写真データ：Canon1DsMark3/CANON 100mm
　F2.8MACRO,C-AF2X TELEPLUS ／ 1/250 f8
　／ 430EX SPEED LITE x6

P41：ヤナギハムシ（*Chrysomela vigintipunctata*） 
柳につく、美しく派手なハムシ。
標本データ：Shirakosawa Ogunichou
　Yamagata JAPAN, June 06 2010
撮影データ：NikonD700/NikonAZ100/AZ Plan
　Apo 1X,PLI2.5 ／ SB-R200 SPEED LITE x4

P42：ミドリヨモギハムシ
　　　（*Chrysolina graminis auraria*） 
青系統でこのように美しいハムシを見たことがない。
標本データ：Mt.Solhan Ridge S. Hamgyong
　prov. N. KOREA, June 20-30 2008
撮影データ：Canon1DsMark3/CANON 100mm
　F2.8MACRO+C-AF1.5X TELEPLUS
　+Extention30mm ／ 1/250 f8 ／ SB-R200
　SPEED LITEx3+Twincle04F2

P43：オオルリハムシ（*Chrysolina virgata*） 
日本にいる美しいハムシ。色彩の地域変異が大きい。
標本データ：Inuzuka Inashiki Ibaraki JAPAN,
　June 12 2010
撮影データ：Canon1DsMark3/CANON 100mm
　F2.8MACRO+C-AF1.5X TELEPLUS
　+Extention30mm ／ 1/250 f8 ／ SB-R200
　SPEED LITE+Twincle04F2

P44-45：オオニジハムシ
（*Ambrostoma quadriimpressa*）
ハムシの独創的な美しさを実感。
標本データ：Beijing City China, July 07 2001
撮影データ：Canon1DsMark3/CANON 100mm F2.8MACRO,C-AF2X TELEPLUS / 1/250, F8 430EX SPEED LITE x4 +Twincle04F2 x2
撮影データ：Canon1DsMark3/CANON 100mm F2.8MACRO,C-AF2X TELEPLUS / 1/250, F8 430EX SPEED LITE x4 +Twincle04F2 x2

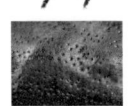

P46：スジモンヨモギハムシ（*Chrysolina cerealis*）
ウクライナの美しいハムシ。この種の地域変異も大きいという。
標本データ：Lugansk reg. Sverdlovsk dist. Provalie v.SE UKRAINE, July 06 2004
撮影データ：Canon 1DsMark3/MP-E 65mm / 1/250,F8 430EX SPEED LITE x4 +Twincle04F2

P47：ハッカハムシ（*Chrysolina exanthematica*）
地味だがよく見ると、とても美しい。
標本データ：Wataraseyuusuichi Fujioka Tochigi JAPAN, May 28 1994
撮影データ：Canon 1DsMark3//SIGMA70mm F2.8MACRO+C-A2.0X TELEPLUS/1/250 f8 / TWINKLE04 F2

P48：ミドリツノハムシ（*Platyphora thomsoni*）
胸下に角がある。
標本データ：Shimabenzo Satio PERU, Dec. 2008
撮影データ：Canon1DsMark3/CANON 100mm F2.8MACRO,C-AF2X TELEPLUS / 1/250 / Twincle04F2

P49：キバネツノハムシ（*Doryphora sparsa*）
胸下に角のあるハムシは珍しい。
標本データ：Campus UFUF76-roff Altamiro BRASIL, Jan. 30 1982
撮影データ：Canon1DsMark3/CANON 100mm F2.8MACRO,C-AF2X TELEPLUS / 1/250 / 430EX SPEED LITE x4+Twincle04F2

P6：アトアオパプアハムシ（*Promechus* sp.）
美しい大型種。
標本データ：Nabire Irian Jaya INDONESIA Oct. 2009
撮影データ：Canon1DsMark3/CANON 100mm F2.8MACRO / 1/250 f8 / 430EX SPEED LITE x4+Twincle04F2

P50：ミイロパプアハムシ（*Promechus splendens*）
ニューギニアにいる大型ハムシ。
標本データ：Nabire Irian Jaya INDONESIA, Aug. 2006
撮影データ：CanonDsMark3//SIGMA70mm F2.8MACRO+C-A1.5X TELEPLUS/1/250 f8 / 430EX SPEED LITE x6

P51：ハマゴウハムシ（*Phola octodecimguttata*）
沖縄など南にいるハムシ。独特な模様。
標本データ：Yarabu Ishigaki JAPAN, Oct. 20 2010
撮影データ：Canon 1DsMark3/MP-E 65mm / 1/250 f8 / 430EX SPEED LITE x4 +Twincle04F2

9）ヒゲナガハムシ亜科（Galerucinae）

地中に産卵する。幼虫は葉や落ち葉を食べる。地中で、土で作った繭で蛹になる種が多い。日本には約100種が記録されている。

P52：クロウリハムシ本土亜種（*Aulacophora nigripennis nigripennis*）
東京の我が家にも出現する普通種。
標本データ：Ushibashikakou Yamamotochou Miyagi JAPAN, Sept. 07 2010
撮影データ：NikonD700/NikonAZ100/AZ Plan Apo 2X,PLI2.5 / SB-R200 SPEED LITE x4

P53：クロウリハムシ（沖縄亜種）（*Aulacophora nigripennis nitidipennis*）
沖縄亜種の印象は全く異なる。
標本データ：Yarabu Ishigaki JAPAN Oct. 18 2010
撮影データ：Canon 1DsMark3/MP-E 65mm / 1/250 f8 / 430EX SPEED LITE x4 +Twincle04F2

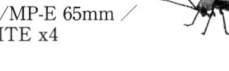

P54：ヨツキボシハムシ（*Hamushia eburata*）
赤い星紋が美しいが、死ぬと黄褐色に変化。
標本データ：Kogesawa Hachiouji Tokyo JAPAN, May 13,2010
撮影データ：NikonD700/NikonAZ100/AZ Plan Apo 1X,PLI2.5 / SB-R200 SPEED LITE x4

P55：アザミオオハムシ（*Galeruca vicina*）
存在感のある大型のハムシ。
標本データ：Tachibakawa Fujimi Yamanashi Aug. 02.2010
撮影データ：Canon 1DsMark3/MP-E 65mm / 1/250 f8,C-AF2X TELEPLUS / 430EX SPEED LITE x6

P56：ヨツボシハムシ（*Paridea quadriplagiata*）
四つの星紋が目立つ可憐なハムシ。
標本データ：Ashio Miyamachou Nantanshi Kyoutofu JAPAN May 24 2009
撮影データ：NikonD700/NikonAZ100/AZ Plan Apo 2X,PLI2.5 / SB-R200 SPEED LITE x4

P57：イタドリハムシ（*Gallerucida bifasciata*）
春の野山に行くととても目立つ種。
標本データ：Kogesawa Hachiouji Tokyo JAPAN, May 03,2010
撮影データ NikonD700/NikonAZ100/AZ Plan Apo 1X,PLI2.5 / SB-R200 SPEED LITE x4

P58：キベリハムシ（*Oides bowringii*）
日本にも棲息。我が国最大種。
標本データ：around of Mt.Jinho Shan Sichuan CHINA, June July 1996
撮影データ：Canon 1DsMark3//SIGMA70mm F2.8MACRO+C-A2.0X TELEPLUS/1/250 f8 / TWINKLE04 F2

P59：ツマキイタドリハムシ（*Gallerucida duporti*）
イタドリハムシの仲間。顔は随分違うけど、確かに同じような触角。
標本データ：Mt. PhuPan 1500-1800m Houaphan Prov. N/E LAOS April 25 - May 05 2004
撮影データ：Canon1DsMark3/CANON 100mm F2.8MACRO,C-AF2X TELEPLUS / 1/250 f8 / 430EX SPEED LITE x4+Twincle04F2

10）ノミハムシ亜科（Alticinae）

ノミのように跳ぶハムシ。従って小型種が多いが、海外にはこれがノミハムシ？ というようなのもいる。新旧北区など、緯度の高いところに多いという。日本には約200種が棲息している。

P60：オオアカマルノミハムシ（*Argopus clypeatus*）
比較的大型のノミハムシ。
標本データ：5322 Endo Fujisawa Kanagawa JAPAN, April 27 2010
撮影データ：NikonD700/NikonAZ100/AZ Plan Apo 1X,PLI4 / SB-R200 SPEED LITE x4

P61：オオキイロノミハムシ（*Neocrepidodera obscuritarsis*）
ウリハムシのようなノミハムシ。
標本データ：Tachibakawa Fujimi Yamanashi JAPAN,Aug. 02 2010
撮影データ：NikonD700/NikonAZ100/AZ Plan Apo 1X,PLI2.5 / SB-R200 SPEED LITE x4

P62：ミドリトビハムシ（*Crepidodera japonica*）
小型で精悍なトビハムシらしい？ ハムシ。
標本データ：Tachibakawa Fujimi Yamanashi JAPAN, Aug. 02 2010
撮影データ：Canon 1DsMark3/MP-E 65mm / 1/250 f8,C-AF2X TELEPLUS / 430EX SPEED LITE x6

P63：スジカミナリハムシ北海道亜種（*Altica latericosta latericosta*）

独特な翅形で格好がよい。
標本データ：Aioirindou Rankoshichou
Hokkaidou JAPAN, July 22 2010
撮影データ：Canon 1DsMark3/MP-E 65mm /
1/250 f8,C-AF2X TELEPLUS / 430EX
SPEED LITE x6

P64-65：ヒゲナガウシヅラノミハムシ
（*Chaloenus psi*）

カミキリムシ？ 変なところから触角がでている。
標本データ：Kinabaru Park HQ Ranau Sabah
MALAYSIA June 24 2010
撮影データ：Canon1DsMark3/CANON 100mm
F2.8MACRO,C-AF2X TELEPLUS / 1/250 f8
/ 430EX SPEED LITE x4+Twincle04F2

P66：ヤホシウシヅラノミハムシ
（*Chaloenus dohertyi*）

前種同様頭の上から触角がでている。
標本データ：Poring Park Ranau Sabah
MALAYSIA, June 29/30 2008
撮影データ：Canon 1DsMark3/MP-E 65mm /
1/250 f8 / 430EX SPEED LITE x4
+Twincle04F2*2

P67：アオウシヅラノミハムシ
（*Chaloenus matangensis*）

前種と同じ仲間だが、ウシヅラというより、オニメン。
標本データ：Ranau Poring Park Sabah
MALAYSIA, April 4/5 2008
撮影データ：Canon1DsMark3/CANON
100mmF2.8MACRO / 1/250 f8 / 430EX
SPEED LITE x4+Twincle04F2x2

11）トゲハムシ亜科（Hispinae）

背にトゲをもつ特異な形態の種が多く、人気がある。しかし、この仲間の形態は多様性が高く、一見同じ仲間とは思えない種もいる。日本には比較的小型の種が14種ほど棲息する。

P68：ミツホシテイオウハムシ（*Alurnus bipunctatus*）
大型で堂々としている。
標本データ：Rio Andoas PERU March 5 2007
撮影データ：Canon1DsMark3/CANON
100mmF2.8MACRO / 1/250 f8 / 430EX
SPEED LITE x4+Twincle04F2x2

P69：ハバビロテイオウハムシ（*Alurnus cassideus*）
大型で幅広。これでもトゲハムシの仲間。
標本データ：Iquitos PERU Jan. 2003
撮影データ：Canon1DsMark3/CANON 100mm
F2.8MACRO,C-AF2X TELEPLUS / 1/250,F8
/ 430EX SPEED LITE x4+Twincle04F2

P70：アシグロオオホソヒラタハムシ
（*Coraliomera nigripes*）
大型。黒い斑点にトゲがつけばトゲハムシ？
標本データ：Santa Catarina S.BRASIL
Dec.2004
撮影データ：Canon1DsMark3/CANON 100mm
F2.8MACRO / 1/250,F8 / 430EX SPEED
LITE x4+Twincle04F2

P71：ベニモントゲホソヒラタハムシ（*Chalepus* sp.）
俗名トゲアリトゲナシトゲトゲ。後方水平面にトゲがある。
標本データ：Benevides BRASIL Nov. 1981
撮影データ：NikonD700/NikonAZ100/AZ Plan
Apo 2X,PLI2.5 / SB-R200 SPEED LITE x4

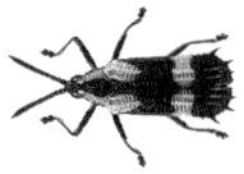

P72-73：キムネクロナガハムシ（*Brontispa longissima*）
沖縄にいる外来種。ココヤシの若芽を食べて枯死させる害虫
標本データ：Takeda Botanical Garden Ishigaki
Okinawa JAPAN, April 29, 1991
撮影データ：Canon1DsMark3/CANON 100mm
F2.8MACRO,C-AF2X TELEPLUS / 1/250,F8
/ 430EX SPEED LITE x4+Twincle04F2 x2

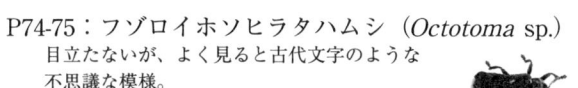

P74-75：フゾロイホソヒラタハムシ（*Octotoma* sp.）
目立たないが、よく見ると古代文字のような不思議な模様。
標本データ：Madera Canyon Santa Rita Mts.
SA USA Oct.21 1962
撮影データ：NikonD700/NikonAZ100/AZ Plan
Apo 2X,PLI2 / SB-R200 SPEED LITE x4
撮影データ：NikonD700/NikonAZ100/AZ Plan
Apo 2X,PLI2 / SB-R200 SPEED LITE x4

P3,P76-77：ハリネズミトゲハムシ
（*Dicladispa megacantha*）
これぞトゲハムシ。見よ、このトゲトゲを。
標本データ：Mt.Pan Sam Neua South
N. LAOS, June 2010
撮影データ：NikonD700/NikonAZ100/AZ Plan
Apo 2X,PLI2.5 / SB-R200 SPEED LITE x4

P78：フタイロトゲハムシ（*Dactylispa* sp.）
インドネシアのトゲハムシ。
標本データ：Mentawai islands S. Siberut IS
INDONESIA, March-April 2005
撮影データ：NikonD700/NikonAZ100/AZ Plan
Apo 1X,PLI2.5 / SB-R200 SPEED LITE x4

P79：オオトゲアトコブハムシ（*Prionispa* sp.）
どっしりした感じのトゲハムシ。
標本データ：Janbi Sumatra INDONESIA July 2009
撮影データ：Canon 1DsMark3/MP-E 65mm /
1/250,F8 / 430EX SPEED LITE x4
+Twincle04F2

P80：パプアクロルリトゲハムシ
（*Rhadinosa* sp.）
ニューギニアにいるトゲハムシ。
標本データ：Aseki Monobe Prov. P.N.G.
Dec. 7-14 2004
撮影データ：NikonD700/NikonAZ100/AZ Plan
Apo 2X,PLI2.5 / SB-R200 SPEED LITE x4

P81：ツシマヘリビロトゲハムシ（*Platypria melli*）
対馬にいる特異な形態のハムシ。
標本データ：Tsushima minemachi Nagasaki
JAPAN, Aug. 28, 2006
撮影データ：Canon 1DsMark3/MP-E 65mm /
1/250,F8 / 430EX SPEED LITE x6

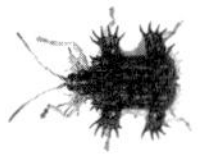

12）カメノコハムシ亜科（Cassidinae）

テントウムシを大型にしたような独特の体型と多様な色彩をもつグループ。トゲハムシ亜科とは親戚で、最近では両亜科を区別しないで、同一亜科とする学者もいる。世界中に広く棲息する。特に中南米には、大型の種が多い。日本には、30種が棲んでいる。

裏表紙：ベニワモンカメノコハムシ（*Charidotella* sp.）
簡素で美しい模様。
標本データ：Satepu Ataraya PERU 1995.
撮影データ：NikonD700/NikonAZ100/AZ Plan
Apo 2X,PLI2.5 / SB-R200 SPEED LITE x4

P5：モンコモリカメノコハムシ（*Acromis spinifex*）
黄金バットか、兎に角ユニークな形。
標本データ：Tingo Maria PERU
撮影データ：Canon1DsMark3/CANON 100mm
F2.8MACRO,C-AF2X TELEPLUS / 1/250,F8
/ 430EX SPEED LITE x4+Twincle04F2x2

P82：ナガルリカメノコハムシ（*Craspedonta leayana*）
光沢のある見事な点刻。東南アジアの種。
標本データ：Tam Dao N.VIETNAM, May 23 1993
撮影データ：Canon1DsMark3/CANON 100mm
F2.8MACRO+C-AF1.5X TELEPLUS
+Extention30mm / 1/250,F8 / SB-R200
SPEED LITE+Twincle04F2

P83：クロテンセダカカメノコハムシ
（*Elytrogona quatuordecimmaculata*）
和名のように、背が高い独特の形態。
標本データ：Loma Remigia Paraiso Barahona
DOMINICANA, Jan. 09 -10 2002
撮影データ：Canon 1DsMark3/MP-E 65mm /
1/250,F8 / 430EX SPEED LITE x4
+Twincle04F2 x2

P84：ゴマダラジンガサハムシ
（*Aspidomorpha miliaris*）
東南アジアに棲息。羽化したてはもっと透明度が高い。
標本データ：Cameron HL . MALAYSIA, April

121

17 1999
撮影データ：NikonD700/NikonAZ100/AZ Plan Apo 1.0X,PLI2.5 / SB-R200 SPEED LITE x4

P85：ウスモンジンガサハムシ（*Aspidomorpha fuscopunctata*）
透明度が高く。円に近い翅形。
標本データ：Bandor Baru N. Sumatra INDONESIA June 2 2007
撮影データ：Canon1DsMark3/CANON 100mm F2.8MACRO,C-AF2X TELEPLUS ／ 1/250,F8 ／ 430EX SPEED LITE x5+Twincle04F2

P86：アケボノカメノコハムシ（*Cyclosoma mirabilis*）
ブラジルの大型カメノコハムシ。
標本データ：38km off Manaus BRASIL Aug. 23 1993
撮影データ：Canon1DsMark3/CANON 100mm F2.8MACRO ／ 1/250,F8 ／ 430EX SPEED LITE x5+Twincle04F2

P87：ベニモンホシカメノコハムシ（*Eugenysa colossa*）
半透明の紅紋が美しい。
標本データ：Aerija Atalaya PERU, Oct. 10. 2009
撮影データ：NikonD700/NikonAZ100/AZ Plan Apo 0.5X,PLI2.5 / SB-R200 SPEED LITE x4

P88：フトツノカメノコハムシ（*Omocerus similis*）
一目で見分けられるブラジルのカメノコハムシ。ハンマーハムシという和名を使う人もいる。
標本データ：Santaren Para BRASIL, March,1999
撮影データ：Canon1DsMark3/CANON 100mm F2.8MACRO,C-AF2X TELEPLUS ／ 1/250,F8 ／ 430EX SPEED LITE x4+Twincle04F2 * 2

P89：アナナガカメノコハムシ（*Chlamydocassis ruderaria*）
まるで穴の空いているような独特な点刻。
標本データ：Satipo PERU, March 2003
撮影データ：Canon1DsMark3/CANON 100mm F2.8MACRO,C-AF2X TELEPLUS ／ 1/250,F8 ／ 430EX SPEED LITE x4+Twincle04F2 x2

P90：キモンオオカメノコハムシ（*Stolas mannerheimi*）
赤と青の微妙な色合いに黄紋、美しい。
標本データ：Carabaza 2000m near Satipo PERU, March 2003
撮影データ：Canon1DsMark3/CANON 100mm F2.8MACRO,C-AF2X TELEPLUS ／ 1/250,F8 ／ 430EX SPEED LITE x4+Twincle04F2

P91：キベリミドリカメノコハムシ（*Cyrtonota sericeus*）
渋い色合い。カメノコハムシの多様性に驚かされる。
標本データ：Caranavi 1300m NE BOLIVIA 12 - 24, April 2003
撮影データ：Canon1DsMark3/CANON 100mm F2.8MACRO,C-AF2X TELEPLUS ／ 1/250,F8 ／ 430EX SPEED LITE x4+Twincle04F2x2 

P92-93：ベニモンオオカメノコハムシ（*Stolas discoides*）
鮮かな緑の地色に紅紋美しい。
標本データ：Satipo PERU March 2003
撮影データ：Canon1DsMark3/CANON 100mmF2.8MACRO,C-AF2X TELEPLUS ／ 1/250,F8 ／ 430EX SPEED LITE x4 +Twincle04F2x2

P94-95：アオカメノコハムシ（*Cassida rubiginosa*）
野山に行くとよく見かける。標本にすると茶褐色になる。
標本データ：Near Kirigamine farm Nagano JAPAN, Aug. 01 2008
撮影データ：Canon1DsMark3/SIGMA50mm F1.8MACRO,C-AF2X TELEPLUS ／ 1/250 F8 ／ 430EL SPEED LITE x6

P96：キアミメオオカメノコハムシ（*Stolas flavoreticulata*）
ユニークな模様。人の顔にも見える。
標本データ Shimabenzo Satipo, PERU, Dec. 2007
撮影データ：Canon1DsMark3/CANON 100mm F2.8MACRO,C-AF2X TELEPLUS ／ 1/250,F8 ／ 430EX SPEED LITE x4+Twincle04F2x2

P97：キムツモンオオカメノコハムシ（*Aspidomorpha bimaculata*）
黄紋の美しいカメノコハムシ。
標本データ：W.R.C.I.,R.C.I. April, 1996
撮影データ：Canon1DsMark3/CANON 100mm F2.8MACRO,C-AF2X TELEPLUS ／ 1/250,F8 ／ 430EX SPEED LITE x4+Twincle04F2

P98：キコモリカメノコハムシ（*Acromis sparsa*）
南米のカメノコハムシ。体の下に子供を入れて守るという。
標本データ：Satipo PERU, March 2003
撮影データ：Canon1DsMark3/CANON 100mm F2.8MACRO,C-AF2X TELEPLUS ／ 1/250,F8 ／ 430EX SPEED LITE x4+Twincle04F2x2

P99：キテンオオカメノコハムシ（*Stolas* sp.）
コバルトブルーの地色に、鮮やかな黄紋。美しい。
標本データ：Kubiriaki 1500m PERU, Jan. 2003
撮影データ：Canon1DsMark3/CANON 100mm F2.8MACRO,C-AF2X TELEPLUS ／ 1/250,F8 ／ 430EX SPEED LITE x4+Twincle04F2

P100：クロテンカメノコハムシ（*Botanochara impressa*）
中南米のカメノコハムシは大型で多様である。
標本データ：Satipo PERU March, 2003 
撮影データ：Canon1DsMark3/CANON 100mm F2.8MACRO,C-AF2X TELEPLUS ／ 1/250,F8 ／ 430EX SPEED LITE x4+Twincle04F2x2

P101：ムツモンオオカメノコハムシ（*Stolas illustris*）
和名の通り。カメノコハムシとしては大型。体長2cm。
標本データ：San Pedro de Sotcapan Verncruz 500m Mexique July/Aug. 2006
撮影データ：Canon1DsMark3/CANON 100mm F2.8MACRO ／ 1/250,F8 ／ 430EX SPEED LITE x4+Twincle04F2

P102：キモンジンガサハムシ（*Stolas redtenbacheri*）
斜めから見るとまた違う感じ。
標本データ：Dos De Mayo Misioness ARGENTINA, 2005
撮影データ：Canon1DsMark3//SIGMA70mm F2.8MACRO+C-AF2X TELEPLUS/1/250,F8 ／ 430EX SPEED LITE x6

P103：カタヅノナガカメノコハムシ（*Chlamydocassis tuberosa*）
力強いけど何のために？
標本データ：near Iquitos Amazonia PERU, Feb. 10-16 1967
撮影データ：Canon 1DsMark3/MP-E 65mm ／ 1/250,F8 ／ 430EX SPEED LITE x4 +Twincle04F2

P104：トゲナガカメノコハムシ（*Dorynota puginota*）
うーむ！ 自然は不思議だ。
標本データ：Blumenau Santa Catarina BRASIL Jan. 2007
撮影データ：Canon 1DsMark3/MP-E 65mm ／ 1/250,F8 ／ 430EX SPEED LITE x4 +Twincle04F2

4：マイクロフォトコラージュ

　本書は、デジタル写真ならではの焦点合成手法を駆使した作品集である。前書きでも触れたように焦点合成手法は顕微鏡写真の分野などで広く研究されており、現在では容易に手に入る焦点合成用のソフトウェアも存在する。本書でも最新のソフトウェアを使用しているが、それだけでは様々な支障が生ずるため、手作業による合成や修正を加えている。1）筆者がそのようなソフトウェアが存在しない時代から手作業での合成をやってきたこと、2）コンピュータに全てを任すのではなく人間の感性に基づく手作業に重要性を感じていること、から本書での焦点合成作業を「マイクロフォトコラージュ」と呼んでいる。ここでは、その手法を紹介する。

1）マイクロフォトコラージュとは

　フォトコラージュとは何枚かの異なった写真を組み合わせることにより、新たなイメージを作り出す手法である。組み合わされたそれぞれの映像は、フォトコラージュ作者自身のものとは限らない。組写真が、複数の写真で時間と空間を一つの作品に統合することを試みたのに対し、フォトコラージュでは一枚の写真の中でそれを行うのだ。組み合わされる個々の映像の作品性は重要ではなく、部品として消費されるのである。

　デジタル写真ではこの種の作業がとても容易になる。フォトコラージュの手法により、存在しないものを、あたかも現実のように見せる作品が数多く出てきている。このデジタル写真の加工性を突き詰めていくと、デジタル写真のおもしろい可能性が見えてくる。

　マイクロフォトコラージュは、同一の対象物に対して撮影された複数の写真のうちピントの合っている部分だけをコンピュータに取り込み、合成する手法である。

　マイクロフォトコラージュはフォトコラージュの範疇にはいることは確かなのだが、実際の作業は大きく異なる。先ず、撮影する対象物が一つであることである。つまり同じ対象物に対して複数の写真を撮り、それを組み合わせる。なぜそんなことが必要なのか。対象物が小さい場合、接写をする必要がある。接写の場合、焦点深度が浅くなり、一カ所で焦点が合ってもその状態を対象物全体に広げることが出来ない。昆虫の場合「眼」にピントを合わすことが多いのだが、そうすると、脚とか胴体では、焦点が合わずボケてしまう。そこで、同じ対象物に対して、異なった場所で焦点を合わせ、焦点の合った場所だけをコンピュータ上で合成すれば、対象物全体で焦点の合った画像をつくることが出来るのではないかと考えたのである。

2）マイクロフォトコラージュの手法

○撮影装置

　必要な機材は、接写の出来るデジタルカメラ、照明装置（ライトあるいは、ストロボ）、対象物を設置する移動台（ミニスタジオ）、コンピュータ、画像処理ソフト（Photoshop など）、デジタルカメラの情報をコンピュータに取り込む機材（IEEE1394/USB ケーブルあるいはコンパクトフラッシュ／スマートメディアなどの記憶デバイス）などになる。対象物を設置するミニスタジオはどんなものでも良い（対象物によって異なる）のだが、対象が昆虫である私の場合は、標本の針が刺さるような素材で、設置する台を作成した。大切なのは、移動（特に前後）可能な（かなり精密に）機能が必要なことである。

　照明も重要な要素である。照明手法は、作者の意図に依存する。私の場合は、全体的にほぼ均等な照明になるように6機のストロボと大型ストロボ2台を併用している。デジタルカメラの場合、色温度の調整が出来るので、フィルムカメラでは利用が制限されていた、蛍光灯などの照明装置の利用も可能である。

○撮影法（図34）

　撮影の方法が二つある。大して変わらないようだが、結果が大きく異なるので、目的に応じて使い分ける必要がある。一つは、対象物とカメラの距離を変化させる方法であり、もう一つは、対象物とカメラの距離を一定に保ったままレンズの焦点位置を変化させるものである。

撮影法2：レンズの焦点を変化させる

撮影法1：カメラと対象物の距離を変化させる

図34：マイクロフォトコラージュの撮影法

方法1：始めに、対象物とカメラの距離を変化させる手法を説明する。はじめ対象物の主要部分に焦点を合わせ、絞り／シャッター速度などを調整、適正な露出に設定する。次に、焦点の合う最も近いところ（最も遠いところでも良い）に移動する。これで準備完了。この後は、少しずつ対象物を移動しながら撮影を繰り返す。移動する幅は、対象物の大きさ・レンズの焦点距離・絞りなどにより異なる（要は、焦点深度に依存する）。あまり広い幅で移動すると、合成しても焦点の合わない場所が出来てしまう。つまり、移動量は少

なければ少ないほど（撮影枚数は多ければ多いほど）良いことになるが、必要以上に多すぎると後の合成作業が膨大になる。経験でおぼえるしかない。ただ、この手法では、後述する焦点合成ソフトを使えるので、「膨大な作業」の心配はしなくてよくなっている。

方法2：もう一つの方法は、レンズのフォーカスを変える方法である。この場合、近いほど大きく写すので、構図を決めるときには、最も近いところで決める必要がある。そうしないと、拡大されてファインダーからはみ出してしまうことがある。近くになるほど拡大されるということは、撮影ごとに大きさが変わるということだから、フォーカスを細かく変えながら多くの撮影をしないと、合成時に苦労することになる。つまり、カメラと被写体の距離を変える方法よりも多くの撮影をしなければならないことが多い。

合成法に入る前に、方法1と方法2による作品を紹介しておく。

図35：各撮影法による作品
方法1：左、方法2：右

方法1は遠近感のない扁平な感じのする作品になる。一方、方法2では、遠近感のある作品になる。しかも、レンズなどの選択により遠近感の強調度合いもコントロールできる。

○合成

撮影した画像をコンピュータに取り込み合成する。以前は全て手作業で、Photoshop上で行っていたが、最近は市販の深度合成ソフトを使っている。

深度合成ソフトとしては、いろいろあるようだが私が利用しているのは、CombineZMとHelicon Focus（ImageJというソフトも機会があったら使ってみたい）である。CombineZMは無料且つ、高精度の画像を得られるとして評判がよい。但し現時点ではWindows専用である。一方、Helicon Focusは、市販ソフトだけあって使い勝手がよい。私の主力は、Helicon Focusである。理由は、作業環境がほとんどMacであることに加え、後述するように何度も合成を繰り返す必要があり、操作性がかなり重要な要素になるからである。

深度合成の手順は、撮影した画像をコンピュータに取り込み後、上記の深度合成ソフトウェアで合成するというものである。それほどむずかしい操作ではない。撮影方法1で対象物が単純な形態であれば合成された画像そのままで使用できる。図鑑用の写真（上部から見やすいように展脚）や、利用される画像が数センチ程度の小さい場合はそのまま利用しても問題ない。

但し、昆虫のように複雑な形状の場合、脚や触覚と胴体が重なり合うことがある。つまり、カメラから見ると、距離の異なる二つの部分が存在することになる。脚が前にあるとすると、脚に焦点があったときには、胴体には合わず、胴体にあったときには、脚の部分はぼけてしまうことになる。この問題は永遠の課題で、最新の深度合成ソフトでも解決できていない。写真集や展示用に大きな作品とする場合は、手作業が必要になる。

図36：重なり合った部分の処理
右上：全てを一度に処理した結果
右下：個別処理最終結果
左上：右前脚の処理
左下：左触角の処理

先ず必要なターゲットを決め、それに必要なファイルだけを合成する。私の場合、1）各部分を切り離し（物理的にではない）、別のファイルをつくる。例えば脚の部分だけを完成させるのだ。2）特に該当する部分より手前にある要素のぼけの影響をさけるため、撮影した画像全体を一度に処理せず、その足の部分にピントの合った複数の画像だけを処理する。この処理はかなり有効である。このため限られた範囲での深度合成を繰り返し実施する。前述のように HeliconFocus を使うのは、このような作業を頻繁に行うので、操作性を重視するためである。

次に撮影方法2での合成について述べる。この手法では深度合成ソフトウェアを使えない。というのは、深度合成では全ての画像が同一サイズであることが重要である。大きさや角度が異なる場合は、ソフトウェアが自動処理を行い角度サイズを同一に近づける。つまり、撮影時にパースを付けても、結果はパースの失われた映像になる。これは、深度合成の原理からやむを得ないこと（コンピュータで補正したサイズ・角度の量はわかるので、その情報からパースのついた画像の復元を試みているがまだ成功していない）である。

つまり昔に戻って手作業でやるしかない。しかしこの場合でも深度合成ソフトウェアは大きな助けになる。深度の浅い撮影系では100〜200枚撮影することがある。これを前処理として10枚ずつ合成すれば、手作業による合成は10〜20枚の処理を行えばよいことになる。

○照明
マイクロフォトコラージュで一番やっかいなのが「映り込み」問題である。甲虫を相手にしていると鏡のような表面の鞘羽をもつ種に出会う。鏡だから、周りのものが映る。これを映り込みという。映り込みを逃れる手法には、1）富士山型ディフューザ（図37）[32], 2）偏光板、3）落射照明など

図37：円錐型ディフューザ

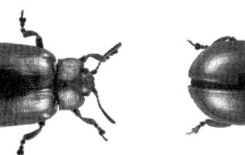

図38：映り込み例
左：円柱型ディフューザ、中央：富士山型ディフューザ
右：カメラとの距離を延長

種々の方法がある。これらはある程度効果が得られる場合もある。しかし小型種の撮影は困難を極める。小型種の場合、接写するために、レンズと対象昆虫の距離をとるのが難しいことがその理由である。九州大学の丸山先生は、ディフューザの一部に孔をあける方法[33]を提唱している。私はまだ試していない。現在も様々な方法を開発中であり、うまい方法が見つかったら、公表していきたい。

○実際の装置
私のラボでは、画像から3次元コンピュータモデルを作成している。このため使用している機材は少々大げさになっている。いずれもコンピュータ制御により、正確に対象物とカメラの距離を把握できるようになっている。

現在取り組んでいるのは、1）ＣＴスキャンによる形状情報取得である。この方法だとドングリの中の幼虫やオトシブミの揺籃の内部をモデル化できる。この方法でつくったモデルにマイクロフォトコラージュでつくった高精細テクスチャを貼り付けるのである。また、2）顕微鏡でのパース撮影に挑戦している。前述の撮影方法2を顕微鏡で実現するというものである。このため、顕微鏡のズームをコンピュータにより制御できるように改造している。数ミリの小型昆虫に対してもより迫力のある映像を生み出せるのではないかと期待している。

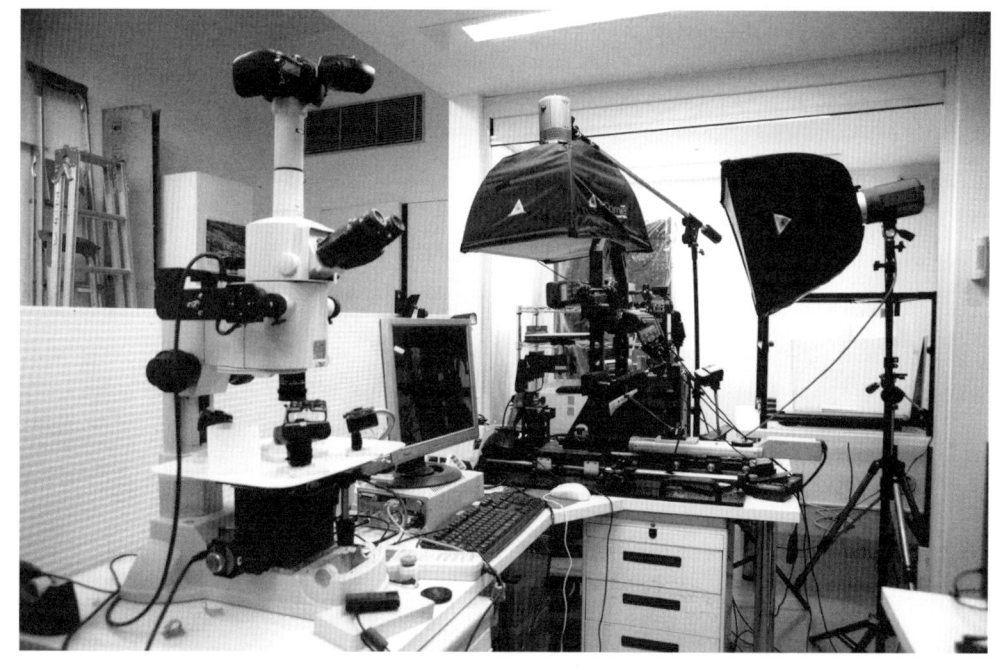

図39：撮影機材　手前：小昆虫撮影用顕微鏡　中央：中型昆虫撮影用装置
奥：大昆虫撮影用スタジオ

参考文献

1：http://www.sannichi.co.jp/HAKKEN/20100615.php
2：http://www.fukuoka-edu.ac.jp/~fukuhara/keitai/hana_uv_touka_be2.html
3：M.Kurachi,Y.Takaku,Y.Komiya,T.Hariyama：「The origin of extensive colour polymorphism in Plateumaris sericea;（Chrysomelidae; Coleoptera)」、Naturwissenschaften.（2002）89:PP295-298
4：河野義明、田付貞洋：「昆虫生理生態学」朝倉書店、2007、P203
5：http://wwwsoc.nii.ac.jp/jsc2/elgallary/GL035.html
6：リチャード・ジョーンズ：「世界一の昆虫」NationalGeographics、2010、P47
7：同、P83
8：http://www.biodiversityexplorer.org/beetles/chrysomelidae/alticinae/diamphidia.htm　など
9：http://daisetsuzan.sakura.ne.jp/kitoushi/animal/rurihamushi.html
10：養老孟司、「養老孟司のデジタル昆虫図鑑」、日経BP、2006、P60
11：http://android-au.jp/whats/#09
12：http://hanmmer.cocolog-nifty.com/blog/2008/05/index.html
13：http://tamagaro.net/n/0007-i2.htm
14：リチャード・ジョーンズ：「世界一の昆虫」NationalGeographics、2010、P184
15：http://sasadon.blog110.fc2.com/blog-entry-136.html
16：河野義明、田付貞洋：「昆虫生理生態学」朝倉書店、2007、P111
17：http://www.zc.ztv.ne.jp/kiikankyo/newpage30%20GaityuJoshikiRuibetu5T5.html　など
18：http://blog.goo.ne.jp/tanakagawa_shinogi/e/a4ab9e7a3cb4ca256020f72d65ab9166
19：三橋淳 総編集、「昆虫学大事典」、朝倉書店、2003、P897
20：リチャード・ジョーンズ：「世界一の昆虫」NationalGeographics、2010、P226
21：鈴木邦雄、「日本動物大百科：10、ハムシ科」、平凡社、1998、p148
22：東 昭、「生物の動きの辞典」、朝倉書店、1997、p40
23：鈴木邦雄、「日本動物大百科：10、ハムシ科」、平凡社、1998、p148
24：http://www.coleoptera.jp/modules/xhnewbb/viewtopic.php?topic_id=115
25：小林比佐雄、「ハムシの生活」、信毎書籍出版センター、2000、P64
26：エヴァンス・A.V.、ベラミー・C.L.、「甲虫の世界」、加藤義臣、廣木真達訳、シンガー・フェラーク東京、2000 原著1996、p98
27：工藤慎一、「子供の保護するハムシ」、昆虫と自然、39(5)、2004, 39頁
28：森本桂、林長閑編著、「原色日本甲虫図鑑（I）」、保育社、1986、p190
29：小島弘昭、「ゾウムシ類の多様性：植物との出会いと口吻の進化」、第6回北海道大学総合博物館　公開シンポジューム「甲虫類の多様性と生息環境・・甲虫の種数はなぜ多いのか？」2002.12.16
30：森本桂、林長閑編著、「原色日本甲虫図鑑（I）」、保育社、1986、P194
31：木元新作、滝沢春雄、「日本産ハムシ類幼虫・成虫分類図説」、東海大学出版会、1994、P414
32：同、P415
33：丸山宗利、「小型昆虫の深度合成写真撮影法」、月刊むし。No.473. July 2010

全般的に参考にした書籍

・木元新作、滝沢春雄、「日本産ハムシ類幼虫・成虫分類図説」、東海大学出版会、1994 ・「昆虫学大事典」、朝倉書店、2003
・「原色日本昆虫図鑑」、保育社、1986
・「日本動物大百科」、平凡社、1998
・小林比佐雄、「ハムシの生活」、信毎書籍出版センター、May 2000

地域別種名

○アジア・オセアニア

ハリネズミトゲハムシ　*Dicladispa megacantha* ・・・・・03,76,77
アトアオパプアハムシ　*Promechus* sp. ・・・・・・・・06
オオモモブトハムシ　*Sagra femorata* ・・・・・・・08,10,11
ハデツヤモモブトハムシ　*Sagra buquetii* ・・・・・・・09
アカガネオオモモブトハムシ　*Sagra carbunculus* ・・・・12
フタイロオオミドリサルハムシ　*Platycorynus speciosus* ・・・33
オオイモサルハムシ　*Colasposoma* ・・・・・・・・・・34
コブスジオオミドリサルハムシ　*Platycorynus* sp. ・・・・・35
ケブカアオトビサルハムシ　*Trichochrysea hirta* ・・・・・38
アカクビナガカサハラハムシ　*Goniopleura chapuisi* ・・・・39
ミドリヨモギハムシ　*Chrysolina graminis auraria* ・・・・42
オオニジハムシ　*Ambrostoma quadriimpressa* ・・・・・44,45
ミイロパプアハムシ　*Promechus splendens* ・・・・・・50
キベリハムシ　*Oides bowringii* ・・・・・・・・・・・58
ヒゲブトイタドリハムシ　*Gallerucida duporti* ・・・・・・59
ヒゲナガウシヅラノミハムシ　*Chaloenus psi* ・・・・・・64,65
ヤホシウシヅラノミハムシ　*Chaloenus dohertyi* ・・・・・66
アオウシズラノミハムシ　*Chaloenus matangensis* ・・・・67
オオトゲアトコブハムシ　*Prionispa* sp. ・・・・・・・・78
フタイロトゲハムシ　*Dactylispa* sp. ・・・・・・・・・79
パプアクロルリトゲハムシ　*Rhadinosa* sp. ・・・・・・・80
ナガルリカメノコハムシ　*Craspedonta leayana* ・・・・・82
ゴマダラジンガサハムシ　*Aspidomorpha miliaris* ・・・・84
ウスモンジンガサハムシ　*Aspidomorpha fuscopunctata* ・・85

○アフリカ

アフリカモモブトハムシ　*Sagra* (*Tinosagra*) sp. ・・・・・13
キムツモンオオカメノコハムシ　*Aspidomorpha bimaculata* ・・97

○北中南米

グンジョウオオコブハムシ　*Fulcidax coelestina* ・・・・表紙,24,25
モンコモリカメノコハムシ　*Acromis spinifex* ・・・・・・05
アカガネオオコブハムシ　*Chlamys* sp. ・・・・・・・・21
ツチイロニセコブハムシ　*Pseudochlamys* sp. ・・・・・・22,23
ミドリツノハムシ　*Platyphora thomsoni* ・・・・・・・48
キバネツノハムシ　*Doryphora sparsa* ・・・・・・・・49
ミツボシテイオウハムシ　*Alurnus bipunctatus* ・・・・・68
ハバビロテイオウハムシ　*Alurnus cassideus* ・・・・・・69
アシグロオオホソヒラタハムシ　*Coraliomera nigripes* ・・・70
ベニモントゲホソヒラタハムシ　*Chalepus* sp. ・・・・・・71
フゾロイホソヒラタハムシ　*Octotoma* sp. ・・・・・・・74,75
クロテンセダカカメノコハムシ　*Elytrogona quatuordecimmaculata* ・83
アケボノカメノコハムシ　*Cyclosoma mirabilis* ・・・・・86
ベニモンホシカメノコハムシ　*Eugenysa colossa* ・・・・・87
フトツノカメノコハムシ　*Omocerus similis* ・・・・・・88
アナナガカメノコハムシ　*Chlamydocassis ruderaria* ・・・89
キモンオオカメノコハムシ　*Stolas mannerheimi* ・・・・・90
キベリミドリカメノコハムシ　*Cyrtonota sericeus* ・・・・・91
ベニモンオオカメノコハムシ　*Stolas discoides* ・・・・・92,93
キアミオオカメノコハムシ　*Stolas flavoreticulata* ・・・・96
キコモリカメノコハムシ　*Acromis sparsa* ・・・・・・・98
キテンオオカメノコハムシ　*Stolas* sp. ・・・・・・・・99
クロテンカメノコハムシ　*Botanochara impressa* ・・・・・100
ムツモンオオカメノコハムシ　*Stolas illustris* ・・・・・101
キモンジンガサハムシ　*Stolas redtenbacheri* ・・・・・102
カタヅノナガカメノコハムシ　*Chlamydocassis tuberosa* ・・・103
トゲナガカメノコハムシ　*Dorynota puginota* ・・・・・・104

○ヨーロッパ
アスパラガスハムシ　Crioceris asparagi ・・・・・・・・・ 18
オオキバナガツツハムシ　Labidostomis toxicornis ・・・・・・・・ 26
スジモンヨモギハムシ　Chrysolina cerealis ・・・・・・・・・ 46

○日本
キンイロネクイハムシ　Donacia japana ・・・・・・・・・・・ 14,15
フトネクイハムシ　Donacia clavareaui ・・・・・・・・・・ 16
アカクビボソハムシ　Lema diversa ・・・・・・・・・・・・ 17
キイロクビナガハムシ　Lilioceris rugata ・・・・・・・・・・ 19
ムシクソハムシ　Chlamisus spilotus ・・・・・・・・・・・ 20
ヨツモンクロツツハムシ　Cryptocephalus nobilis ・・・・・・・ 27
キボシツツハムシ　Cryptocephalus perelegans ・・・・・・・ 28
バラルリツツハムシ　Cryptocephalus approximatus ・・・・・ 29
リンゴコフキハムシ　Lypesthes ater ・・・・・・・・・・・ 30
ニホンケブカサルハムシ　Lypesthes japonicus ・・・・・・・・ 31
アカガネサルハムシ　Acrothinium gaschkevitchii ・・・・・・ 32
ムネアカサルハムシ　Basilepta ruficollis ・・・・・・・・・ 36
オキナワイモサルハムシ　Colasposoma auripenne ・・・・・・ 37
ルリハムシ　Linaeidea aenea ・・・・・・・・・・・・・・ 40
ヤナギハムシ　Chrysomela vigintipunctata ・・・・・・・・ 41
オオルリハムシ　Chrysolina virgata ・・・・・・・・・・・ 43
ハッカハムシ　Chrysolina exanthematica ・・・・・・・・・ 47
ハマゴウハムシ　Phola octodecimguttata ・・・・・・・・・ 51
クロウリハムシ本土亜種　Aulacophora nigripennis nigripennis ・ 52
クロウリハムシ沖縄亜種　Aulacophora nigripennis nitidipennis ・ 53
ヨツキボシハムシ　Hamushia eburata ・・・・・・・・・・ 54
アザミオオハムシ　Galeruca vicina ・・・・・・・・・・・ 55
ヨツボシハムシ　Paridea quadriplagiata ・・・・・・・・・ 56
イタドリハムシ　Gallerucida bifasciata ・・・・・・・・・ 57
オオアカマルノミハムシ　Argopus clypeatus ・・・・・・・・ 60
オオキイロノミハムシ　Neocrepidodera obscuritarsis ・・・・ 61
ミドリトビハムシ　Crepidodera japonica ・・・・・・・・・ 62
スジカミナリハムシ北海道亜種　Altica latericosta latericosta ・・ 63
キムネクロナガハムシ　Brontispa longissima ・・・・・・・ 72,73
ツシマヘリビロトゲハムシ　Platypria melli ・・・・・・・・ 81
アオカメノコハムシ　Cassida rubiginosa ・・・・・・・・・ 94,95

情報

○クリクラ

ハムシ研究者・ハムシ愛好家の会員制インターネットネットワーク。最新の情報が提供され、これに対して、様々な解釈・意見などが提供されている。

入会希望者は、下記アドレスのいずれかにコンタクトする。

松村洋子：matumura@res.agr.hokudai.ac.jp
今坂正一：imasaka@mx7.tiki.ne.jp
佐々木茂美：mimela@olive.plala.or.jp

○ハムシに関するインターネットデータベース

・http://www.biol.uni.wroc.pl/cassidae/katalog%20internetowy/index.htm：ポーランド Wroclaw 大学の世界のカメノコハムシ。
・http://entomology.si.edu/Collections_Coleoptera-Hispines.html：スミソニアン博物館の Staines 氏によるトゲハムシのカタログ。
・http://camptosomata.lifedesks.org/image：世界のツツハムシ
・http://www.green-f.or.jp/heya/hayashi/nekuizukan/nekuizukan-top.html：日本産ネクイハムシ図鑑
・http://park17.wakwak.com/~chrysolina/home_j.html：ヨモギハムシHP

○拙著

・小檜山賢二：「象虫」、出版芸術社
マイクロフォトコラージュの手法による初めての剥製写真集、この作品により第41回講談社出版文化賞写真賞を受賞した。

・小檜山賢二：「虫をめぐるデジタルな冒険」、岩波書店、本著の、理論／技術編である。技術的には少し古くなっているため、本書で最新の情報を補充した。

○STU Lab. のホームページ

著者の個人研究所のホームページ
ゾウムシだけでなく、いろいろな活動や個人 blog を公開しているので、一度訪問してください。
http://stulab.jp/

あとがき

　前著「象虫」が講談社出版文化賞写真賞を受賞するなど、お陰様で一定の評価をいただいたので、その勢いでハムシをという次第。前から少しずつハムシの作品を作り続けてはいたのだが、大半は1年の突貫作業であった。少し勉強するとハムシはとても面白く、特に幼虫の生活が興味深く、引き込まれてしまった。

　昆虫と付き合っていると科学的証明とは何なのだろうという思いに駆られることがある。自然と付き合っていると、所謂科学的証明はある一面を捉えているだけで、本当の証明など出来ないのではないかと感じるようになった。自然は奥深い。

　ゾウムシと同様ハムシもマイナーな昆虫である。しかし、この分野にも沢山の研究者・愛好家が存在した。その方々から情報・標本提供など積極的な協力をいただいた。

　先ず、同定と解説の監修という大変な仕事を引き受けていただいた滝沢春雄先生に感謝する。先生には、貴重な標本の提供もいただいた。アマゾン昆虫館の新井久保館長にも貴重な標本のご提供をいただき本書を充実させることが出来た。また、永井信二、佐藤隆志、平舘学各氏にも標本の提供をいただいた。お礼申し上げる。

　養老孟司先生には、今回も帯の文を提供いただいただけでなく、日頃の交流の中で、様々な示唆をいただいた。

　何時もサポートをいただいている出版芸術社の原田裕社長、同社編集部の篠幸彦さんに感謝する。

2011年5月31日
小檜山賢二

著者プロフィール

小檜山　賢二（こひやまけんじ）
慶應義塾大学　名誉教授
URL：http://stulab.jp

1942年 東京生まれ。67年慶應義塾大学工学部電気工学科修士課程修了。同年 日本電信電話公社入社。電気通信研究所において、ディジタル無線通信方式の研究に従事。76年工学博士（慶應義塾大学）。92年NTT無線システム研究所所長。97年慶應義塾大学大学院政策・メディア研究科教授。08年慶應義塾大学名誉教授

○著書：「象虫」「葉虫」「塵騙」（出版芸術社）、「日本の蝶」・「続日本の蝶」（山と渓谷社）、「鳳蝶」（講談社）、「白蝶」（グラフィック社）、「パーソナル通信のすべて」（NTT出版）、「わかりやすいパーソナル通信技術」（オーム社）、「地球システムとしてのマルチメディア」（NTT出版）、「社会基盤としての情報通信」情報がひらく新しい世界ー5（共立出版）、「虫をめぐるデジタルな冒険」（岩波書店）、「ケータイ進化論」（NTT出版）など

○受賞：第41回講談社出版文化賞写真賞（象虫）、電子情報通信学会業績賞、通信協会前島賞、第21回東川賞新人作家賞、慶應義塾大学義塾賞、Laval Virtual 8th International Conference on Virtual Reality グランプリなど

葉虫　Leaf Beetles：MicroPresence 2

発行日	平成23年7月10日 第1刷 平成25年8月15日 第2刷
著　者	小檜山賢二
発行者	原田　裕
発行所	株式会社　出版芸術社 〒112-0013 東京都文京区音羽1-17-14 YKビル 電　話　03-3947-6077 ＦＡＸ　03-3947-6078 振　替　00170-4-546917 URL：http://www.spng.jp
印刷所	株式会社東京印書館
製本所	株式会社若林製本工場

落丁本・乱丁本は送料小社負担にてお取替えいたします。
©Kenji Kohiyama2011　Printed in Japan
ISBN978-4-88293- -5　C0073